Sebastian A. Gerlach

Meeres-
verschmutzung

Diagnose und Therapie

Mit 57 Abbildungen und 39 Tabellen

Springer-Verlag
Berlin Heidelberg GmbH 1976

Prof. Dr. Sebastian A. Gerlach
Institut für Meeresforschung
Am Handelshafen 12
2850 Bremerhaven, FRG

ISBN 978-3-540-07921-7   ISBN 978-3-662-08648-3 (eBook)
DOI 10.1007/978-3-662-08648-3

Library of Congress Cataloging in Publication Data. Gerlach, Sebastian A. Meeresverschmutzung. (Hochschultexte Geowissenschaften). Bibliography: p. 1. Marine pollution. I. Title. GC1085.G47. 628.1'68'09162. 76-40177.

Das Werk ist urheberrechtlich geschützt. Die dadurch begründeten Rechte, insbesondere die der Übersetzung, des Nachdruckes, der Entnahme von Abbildungen, der Funksendung, der Wiedergabe auf photomechanischem oder ähnlichem Wege und der Speicherung in Datenverarbeitungsanlagen bleiben, auch bei nur auszugsweiser Verwertung, vorbehalten.
Bei Vervielfältigungen für gewerbliche Zwecke ist gemäß § 54 UrhG eine Vergütung an den Verlag zu zahlen, deren Höhe mit dem Verlag zu vereinbaren ist.
© by Springer-Verlag Berlin Heidelberg 1976
Ursprünglich erschienen bei Springer-Verlag Berlin Heidelberg New York 1976

Die Wiedergabe von Gebrauchsnamen, Handelsnamen, Warenbezeichnungen usw. in diesem Werk berechtigt auch ohne besondere Kennzeichnung nicht zu der Annahme, daß solche Namen im Sinne der Warenzeichen- und Markenschutz-Gesetzgebung als frei zu betrachten wären und daher von jedermann benutzt werden dürften.
Offsetdruck u. Bindearbeiten: Beltz Offsetdruck, Hemsbach/Bergstr.

Vorwort

Als 1966 von der Deutschen Forschungsgemeinschaft
unsere Aufmerksamkeit auf Probleme der Meeresverschmutzung hingelenkt wurde, war ich davon nicht
begeistert. Diese Schwerpunktbildung bedeutete ja
auch, daß andere wichtige Forschungsabsichten zu-
rückgestellt werden mußten. Durch die Vorträge
auf dem Dritten Internationalen Ozeanographen-
Kongreß im September 1970 in Tokyo und auf dem
FAO-Kongreß über die Meeresverschmutzung im Dezember 1970 in Rom bin ich aber davon überzeugt
worden, daß Forschung über Probleme der Meeresverschmutzung ein gesellschaftlicher Auftrag ist,
und man als Meeresforscher Stellung beziehen muß.
Ich habe dann darauf hingewirkt, daß das Institut
für Meeresforschung in Bremerhaven in den vergangenen Jahren etwa 40 % seiner Forschungskapa-
zität diesen Problemen widmete. Ich habe auch
öffentlich vor den Gefahren fortgesetzter Pesti-
zidanwendung gewarnt und mußte mich gegen Argumente der Fischindustrie und mancher Kollegen ver-
teidigen, welche im November 1970 das Ausmaß der
Bedrohung nicht erkannten. So war ich von meinem
Beruf her verpflichtet, mir einen Überblick über
die Probleme der Meeresverschmutzung zu verschaf-
fen.

Was ich bis zum April 1972 in Erfahrung brachte,
ist als Beitrag "Das Meer in Gefahr" im Sonder-
band Ökologie von Grzimeks Tierleben erschienen
(Zürich: Kindler-Verlag 1973). Dafür brauchte ich
nur knapp 100 Literaturzitate zu verarbeiten. Inzwischen ist die Datenflut gewaltig gewachsen,
und 1975 wurden nicht weniger als 868 Veröffentlichungen unter dem Stichwort "Meeresverschmutzung" referiert. Es wird also immer schwieriger,
wesentliche neue Ergebnisse der wissenschaftlichen
Forschung von den vielen Wiederholungen und Va-
rianten zu unterscheiden, und ich muß befürchten,
von Jahr zu Jahr lückenhafter zu werden in meinen
Bemühungen, den jeweils aktuellen Problemstand
aufzuzeichnen. Das Vorkommen und die Wirkung ra-
dioaktiver Substanzen im Meer und manche anderen
Teilaspekte habe ich nicht verfolgt. Auch sonst
wird man meinem Text anmerken, daß ich nicht als
Gutachter für Abwasserfragen oder als Berater bei
der Gesetzgebung tätig war. Mein Anliegen waren

in erster Linie die langfristig gefährlichen
Schadstoffe, von denen eine globale Bedrohung
ausgehen könnte. Auch habe ich die Fortschritte
auf dem Gebiet der Forschung über die Meeresverschmutzung besonders im Hinblick auf die zahlreichen Erkenntnisse gesehen, welche gegenwärtig das
Wissen der Meereschemiker und der Meeresbiologen
revolutionieren.

In den vergangenen Jahren hielt ich Vorlesungen
über die Probleme der Meeresverschmutzung an den
Universitäten Hamburg, Bremen und Kopenhagen. Ich
habe das Fehlen eines umfassenden Handbuches dabei
ebenso vermißt wie meine Hörer, die gern stritti-
gen Fragen auf den Grund gegangen wären.

Ich habe dem Senat der Freien Hansestadt Bremen
für die verständnisvolle Beurlaubung von meinen
Bremerhavener Dienstverpflichtungen zu danken,
und meinen Kollegen am Meeresbiologischen Laboratorium in Helsingør für die Muße, die mir dort
gewährt wurde. Dieses Büchlein entstand während
meiner zweijährigen Tätigkeit als Professor für
Meeresbiologie an der Universität Kopenhagen.

Es ist gewidmet den Menschen von Minamata, denen
W.E. Smith und Aileen M. Smith in ihrem aufrüt-
telnden Bericht "Minamata, a warning to the world"
(London 1975) ein Denkmal gesetzt haben. Hoffent-
lich bleiben diese Quecksilbervergiftungen die
einzigen Fälle, wo die Meeresverschmutzung unmittelbar zu Todesopfern bei Menschen führte.
Ich widme dieses Buch auch den Seeschwalben, Möwen und Lummen, den Sturmschwalben, Pelikanen und
anderen fischfressenden Gefiederten, deren Ge-
schlechter dazu verdammt sind, an den Folgen der
Meeresverschmutzung auszusterben, wenn nicht Ein-
halt geboten wird.

Helsingør, April 1976   SEBASTIAN A. GERLACH

Inhaltsverzeichnis

1. Einleitung

In den Jahren 1968 - 1972 beschäftigte sich die öffentliche Meinung mit Problemen der Meeresverschmutzung, Presse und Fernsehen berichteten darüber, und die Meeresforscher wurden von den Politikern gedrängt, über Fragen der Meeresverschmutzung zu arbeiten. Inzwischen hat sich das Interesse der Energieversorgung und der ökonomischen Krise zugewendet, und es ist ruhiger um die Meeresverschmutzung geworden. Aus drei Gründen ist das gerechtfertigt.

Erstens wurden Maßnahmen ergriffen, um die Verschmutzung der Meere von den Küsten aus oder durch Schiffe zu verhindern oder doch einzudämmen. Neue Industrieansiedlungen im Küstengebiet werden von den Behörden und von der Öffentlichkeit streng kontrolliert, Kläranlagen sind im Bau oder in der Planung, Gesetze sind erlassen worden, und die Aufsichtsorgane beginnen sie durchzusetzen. Dadurch war es möglich, neue Katastrophen rechtzeitig zu verhindern und die schleichende Schadwirkung zu stoppen oder doch zu verlangsamen.

Zweitens hat man sich mit einigen Bedrohungen für das Leben im Meer abgefunden, weil wirksame Bekämpfungsmaßnahmen so aufwendig wären, daß man die Nachteile für die Weltwirtschaft nicht in Kauf nehmen möchte. Das kann anhand der Beispiele Öl, Chlorkohlenwasserstoffe und Blei ausgeführt werden. Die Ölverschmutzung der Meere muß auf das Entschiedenste bekämpft werden, jeder aber weiß, daß es Unglücksfälle geben wird. Man könnte sie nur dann ausschließen, wenn man auf überseeischen Öltransport und auf untermeerische Ölförderung verzichtete. Nach wie vor gelangen wahrscheinlich jedes Jahr etwa 80.000 t Chlorkohlenwasserstoffe über die Atmosphäre in die Weltozeane, darunter immer noch beträchtliche Mengen DDT. So lange die Entwicklungsländer mit gewichtigen Argumenten darauf hinweisen können, daß aus ökonomischen und technologischen Gründen DDT zur Bekämpfung von Baumwollfeinden und Moskitos nicht ersetzt werden kann, wird sich nichts ändern, es sei denn, die Wissenschaft bringt neue Argumente vor. Von den 400.000 t Blei, welche jährlich den Weltozeanen zugeführt werden, stammen 250.000 t aus den Auspuffgasen der Kraftfahrzeuge, weil Auto- und Treibstoffindustrie behaupten, man könne auf Tetraäthylblei als Antiklopfmittel nicht verzichten. Wirtschaftler mögen überdenken, ob es sinnvoll ist, ein knapp werdendes Metall unwiederbringlich zu verschwenden; die Meeresforschung beschäftigt sich mit dem Problem, ob eine weitere Steigerung der Bleikonzentration im Meerwasser Auswirkungen haben könne. Das sind nur einige Beispiele, wo die Meeresforschung im Spannungsfeld zwischen Lebensqualität und Umweltschutz einerseits, vordergründigen Wirtschaftsinteressen und ökonomischen Realitäten andererseits steht und herausgefordert ist, weiteres Beweismaterial beizubringen.

Drittens ist in den Jahren 1971 - 1975 keine neue Sensationsmeldung über Schadwirkungen im Meer erfolgt. Manche zunächst bedrohlich wirkenden Befunde aus den Vorjahren konnten relativiert werden. Quecksilber ist offenbar auch in den geringen Mengen, wie sie naturgegeben im Meerwasser vorkommen, ein Gift und schädlich für Lebensprozesse. Wo es sich lokal anreichert, sind die Folgen katastrophal. Aber in weltweiter Betrachtung scheint die Menge des vom Menschen freigesetzten Quecksilbers nicht auszureichen, um die Konzentrationen im Meerwasser merklich zu erhöhen. Allerdings stehen noch verschiedene andere Stoffe auf der Liste der potentiell gefährlichen, und bei den synthetischen Organoverbindungen beginnt gerade erst die systematische Erforschung des Umweltverhaltens.

Man darf nicht vergessen, daß Meeresverschmutzung ein ganz junges Forschungsgebiet ist. 1959 fand der erste internationale Kongreß über Probleme der Meeresverschmutzung in Berkeley (USA) statt, aber das Ausmaß der Problematik war damals noch nicht übersehbar. Erst 10 Jahre ist es her, daß die Deutsche Forschungsgemeinschaft ihren Schwerpunkt "Abwässer in Küstennähe" einrichtete (CASPERS, 1975). Intensiv wird von den maritimen Nationen erst seit 1966 über Probleme der Meeresverschmutzung veröffentlicht. Ohne zeitlichen Abstand über die Entwicklung zu berichten, mag leichtfertig erscheinen; es ist aber notwendig zur Rechtfertigung der aufgewendeten Forschungsmittel und zur Information der immer noch stark an Problemen der Meeresverschmutzung interessierten Öffentlichkeit.

In Zukunft wird es immer schwieriger werden, den gesamten Bereich Meeresverschmutzung in Form eines kritischen Berichtes widerzuspiegeln. Es zeichnet sich von Jahr zu Jahr eine stärkere Spezialisierung der Forschung ab (Tabelle 1).

Von vordergründigen Problemen, welche auch den Laien interessieren und welche er zu beurteilen versuchen kann, geht die Entwicklung auf verschiedene geophysikalische, chemische, biochemische, toxikologische, geochemische und biologische Disziplinen über, in denen nur der Fachmann ein Urteil hat.

Forschung über Probleme der Meeresverschmutzung und Grundlagenforschung sind untrennbar miteinander verbunden. Wie kaum in einem anderen angewandten Gebiet der Biologie muß die Beurteilung von Schadwirkungen auf der Kenntnis des Meeres und der Meeresorganismen fußen. Andererseits hat aber auch die programmierte Forschung über Probleme der Meeresverschmutzung gewaltige Impulse für Meereschemie und -biologie gegeben. Man möge sich daran erinnern, daß vor 20 Jahren im Meerwasser natürlich vorkommende gelöste organische Substanzen praktisch unbekannt waren. Als organische Schadstoffe im Meerwasser analysiert werden mußten, waren die Mittel verfügbar, auch aufwendige Methoden einzusetzen. Nicht nur Schadstoffe wurden gefunden, sondern auch Naturstoffe, und in wenigen Jahren wurde das Material für ein Kapitel "Gelöste organische Substanzen" für die Lehrbücher der Meereskunde erarbeitet. Vor 8 Jahren war noch sehr wenig über die Bioakkumulation von Spurenstoffen bekannt. Heute kennt man einen ganzen Katalog von Schadstoffen, welche aus dem Meerwasser aufgenommen

Tabelle 1. Während sich 1972 ein Überblick über die Probleme der Meeresverschmutzung nach der Lektüre von knapp 100 wissenschaftlichen Veröffentlichungen geben ließ, ist inzwischen die Zahl der Forschungsergebnisse fast unüberschaubar geworden. Der Jahrgang 1975 der Zeitschrift "Aquatic Sciences and Fisheries Abstracts" referiert 868 Veröffentlichungen über Fragen der Meeresverschmutzung, die sich auf folgende Sachgebiete verteilen

Allgemeine Übersichten	30	Spurenelemente		204
Regionale Studien, häusliche Abwässer, Eutrophierung	70	davon ausschließlich über Quecksilber davon über radioaktive Substanzen	43 61	
Abwärme	20	Chlorkohlenwasserstoffe und andere synthetische organische Verbindungen		94
Pathogene Keime	28			
Detergentien	11			
Öl, Kohlenwasserstoffe davon über Abbau von Öl im Meer davon über Ölbekämpfungsmaßnahmen	246 21 61	Industrieabfälle, Müllversenkung u. -verbrennung		53
Kontrolle von Schadwirkungen durch Bio-Indikatoren	23	Modellvorstellungen zu Schadstoffausbreitung und Toxizität Verschiedenes		55 34

und von Organismen angereichert werden. Man weiß aber auch von Stoffen ohne Schadwirkung, daß sie akkumuliert werden; teilweise sind sie für die Vitaminsynthese und den Enzymhaushalt wichtig. Ein neues Forschungsgebiet hat sich entwickelt: zu klären, welche Mechanismen beteiligt sind bei Aufnahme, Speicherung und Abgabe der Spurenstoffe. Heute gibt es eine maritime Luftchemie, nachdem vor 6 Jahren die Atmosphäre als Transportweg für Schadstoffe entdeckt wurde. Die Geochemie gewinnt Erkenntnisse über den Verbleib von Schadstoffen und erweitert dadurch das Grundlagenwissen über die Sedimentationsbedingungen im Meer. Die Kontrolle der Radioaktivität des Meerwassers hat neue Wege für die Untersuchung der großräumigen ozeanischen Wasserbewegungen gezeigt. Umweltrelevante Spurengase wie Kohlenmonoxid werden auch von der Meeresvegetation hergestellt. Bei Forschungen über Fragen der Meeresverschmutzung kommt häufig ein unerwartetes Ergebnis heraus, und dieses ist oft aufregender als das bei der Planung der Untersuchungen erwartete Ergebnis (GOLDBERG, 1974).

Was werden die kommenden 10 Jahre Forschung über Probleme der Meeresverschmutzung bringen? Eine Prognose mag wohl niemand stellen angesichts der zahlreichen Fragen, welche noch offen sind. Nur hoffen kann man, daß die Probleme der Meeresverschmutzung sich auch dann noch etwa so darstellen, wie man sie jetzt überschauen kann. Denn dann wären sie weitgehend lösbar, nicht nur im regionalen Bereich, sondern auch weltweit, so daß von dieser Gefährdung her die Zukunft des Lebens auf der Erde nicht in Frage gestellt zu werden braucht. Diese optimistische Behauptung sei

bewußt gegen deprimierende Meldungen gesetzt, daß schon jetzt
beträchtliche Prozente des Lebens im Meer durch die Meeresverschmutzung zerstört worden seien. Meine Prognose gilt allerdings
nur unter der Voraussetzung, daß vernünftige Entscheidungen und
Maßnahmen getroffen werden.

Definition: Am treffendsten läßt sich die Meeresverschmutzung
durch den englischen Text umschreiben, den die Intergovernmental
Oceanographic Commission (IOC) als Definition verwendet: "Marine
pollution is the introduction by man, directly or indirectly,
of substances or energy into the marine environment (including
estuaries) resulting in such deleterious effects as, harm to
living resources, hazards to human health, hinderance to marine
activities including fishing, impairing the quality for use of
sea water and reduction of amenities".

Maßeinheiten: Eindeutig sind Konzentrationsangaben, welche die
Menge eines Schadstoffes zu der Menge des untersuchten Materials
in Beziehung setzen. Da 1 l Meerwasser von 35 ‰ Salzgehalt
etwa 1,028 kg wiegt, macht es überschlägig nicht viel aus, ob
Konzentrationen sich auf Liter oder Kilogramm beziehen. Groß
sind dagegen die Unterschiede, wenn als Bezugseinheit Feucht-
oder Lebendgewicht, Trockengewicht, organisches Trockengewicht,
oder extrahierbares Fett oder Kohlenstoff gewählt werden. Zur
Verwirrung trägt auch bei, daß Konzentrationen als ppm, ppb und
ppt angegeben werden:

ppm = mg/kg bzw. mg/l (parts per million, Teile pro
Million, 10^6)

ppb = µg/kg bzw. µg/l oder mg/Tonne bzw. mg/m^3 (parts
per billion, 10^9; im amerikanischen Sprachgebrauch
entspricht billion der internationalen Einheit
Milliarde)

ppt = ng/kg bzw. ng/l oder µg/Tonne bzw. µg/m^3 (parts
per trillion, 10^{12}; im amerikanischen Sprachgebrauch
entspricht trillion der internationalen Einheit
Billion)

Wenn es um Nährstoffe geht, werden in der Meereskunde Konzentrationen oft in µg-atom/l angegeben, um die für das Pflanzenwachstum entscheidenden Mengenäquivalente erkennbar zu machen. Dafür
wird die Gewichtsmenge in µg/l durch das Atomgewicht des betreffenden Elementes dividiert.

Tabelle 2. Konzentration chemischer Elemente im Seewasser. Die klassischen
Lehrbuchangaben sind in den vergangenen Jahren durch neuen Analysenmethoden
verändert worden, und auch in Zukunft werden sich noch Veränderungen ergeben,
wenn mehr über die regionalen Verschiedenheiten bekannt ist. (Daten nach
BREWER, 1975)

	mg/l		µg/l		ng/l		ng/l
Chlor	18.800	Zink	4,9	Xenon	50	Lanthan	3,0
Natrium	10.770	Argon	4,3	Kobalt	50	Neodym	3.0
Magnesium	1.290	Arsen	3,7	Germanium	50	Tantal	2,0
Schwefel	905	Uran	3,2	Silber	40	Yttrium	1,3
Kalzium	412	Vanadium	2,5	Gallium	30	Cer	1,0
Kalium	399	Aluminium	2,0	Zirkonium	30	Dysprosium	0,9
Brom	67	Eisen	2,0	Quecksilber	30	Erbium	0,8
Kohlenstoff	28	Nickel	1,7	Blei	30	Ytterbium	0,8
Strontium	7,9	Titan	1,0	Wismut	20	Gadolinium	0,7
Bor	4,5	Kupfer	0,5	Niob	10	Praseodym	0,6
Sizilium	2,0	Cäsium	0,4	Thallium	10	Scandium	0,6
Fluor	1,3	Chrom	0,3	Zinn	10	Holmium	0,2
Lithium	0,18	Antimon	0,2	Thorium	10	Thulium	0,2
Stickstoff	0,15	Mangan	0,2	Helium	7	Lutetium	0,2
Rubidium	0,12	Selen	0,2	Hafnium	7	Indium	0,1
Phosphor	0,06	Krypton	0,2	Beryllium	6	Terbium	0,1
Jod	0,06	Kadmium	0,1	Rhenium	4	Samarium	0,05
Barium	0,02	Wolfram	0,1	Gold	4	Europium	0,01
Molybdän	0,01	Neon	0,1				

2. Häusliche Abwässer

2.1. Abbau der organischen Substanzen

Wie alle Tiere verbraucht auch der Mensch organische Nahrungs-
stoffe und hinterläßt in seinen Fäkalien unverdaute organische
Reste. Auch bei der Zubereitung der Nahrung bleibt als Abfall
organische Substanz über, sei es nun in der Nahrungsmittelfabri-
kation oder im Haushalt. In den natürlichen Lebensräumen exi-
stieren die Zersetzer, Organismen, welche auf den Abbau toter
organischer Substanz spezialisiert sind. Genauer ausgedrückt:
sie decken ihren Energiebedarf aus toter organischer Substanz.
In erster Linie handelt es sich um Bakterien und Mikropilze.

Unter idealen Bedingungen sind die Kreisläufe des Kohlenstoffs
und des Sauerstoffs in der Natur ausgeglichen (Abb. 1). Wenn Abwässer einer Stadt in ein Gewässer eingeleitet werden, dann bedeutet das zusätzliche Lieferung an toter organischer Substanz,
und es ist die Frage, ob diese von der Natur verkraftet werden
kann. Die Gewässerbakterien können sich in ihrer Anzahl auf die
Menge der verfügbaren organischen Substanz (ihrer Nahrung) ein-
stellen. Sie verbrauchen aber Sauerstoff für ihre Atmung. Man
hat als Richtmaß den Einwohnergleichwert geschaffen, das ist die

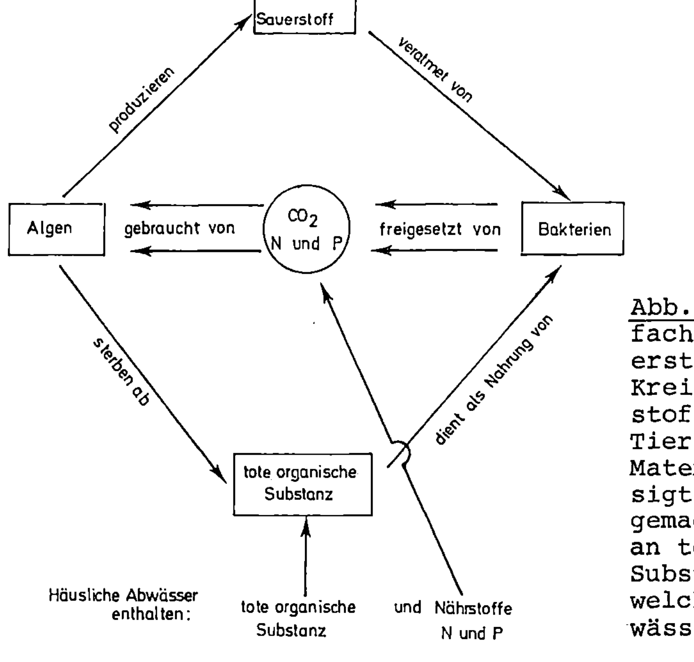

Abb. 1. Stark verein-
fachtes Schema des Sau-
erstoffkreislaufes und
Kreislaufes der Nähr-
stoffe. Die Rolle der
Tiere im Kreislauf der
Materie ist vernachläs-
sigt worden. Kenntlich
gemacht wird der Beitrag
an toter organischer
Substanz und Nährstoffen,
welchen häusliche Ab-
wässer leisten

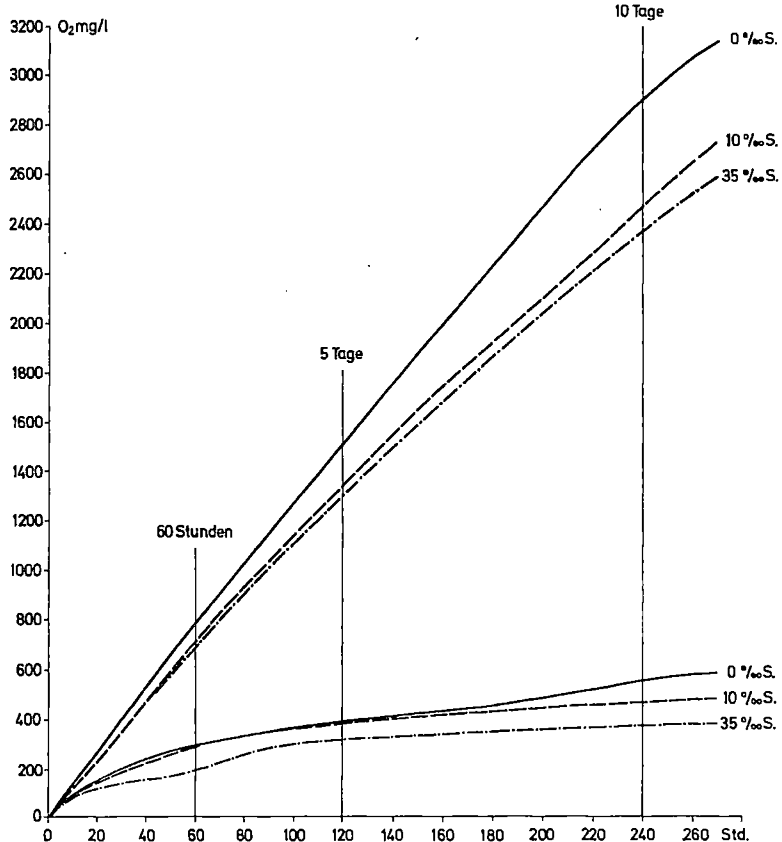

Abb. 2. Konzentrierte häusliche Abwässer werden im Süßwasser schneller als im Salzwasser abgebaut. Das erkennt man aus den 3 oberen Kurven, welche den Abbau in einem Abwasser mit etwa 1.500 mg BSB_5 (Biochemischer Sauerstoffbedarf innerhalb von 5 Tagen, gemessen in mg O_2/l) im Süßwasser und nach Zugabe von 10 ‰ und 35 ‰ künstlichem Seesalz zeigen. Bei schwachen Abwasserkonzentrationen (untere Kurven) spielen die Unterschiede keine sehr große Rolle. (Aus WACHS, 1972)

Menge Sauerstoff, welche verbraucht wird, um Fäkalien und Abfälle einer Person weitgehend abzubauen (genauer: innerhalb von 5 Tagen). Dieser Wert (BSB_5) ist je nach den Lebensgewohnheiten verschieden und entspricht in der Bundesrepublik Deutschland 54 g Sauerstoff pro Tag, in den USA 75 g.

Es ist also für die Beurteilung der Abwassersituation zunächst einmal wichtig zu wissen, ob durch Austausch mit der Atmosphäre, durch Photosynthese oder durch Vermischung hinreichend Sauerstoff verfügbar ist, um den Abbau der organischen Substanz zu gewährleisten. Wenn nämlich der vorhandene Sauerstoff aufgebraucht ist, findet der weitere Abbau der organischen Substanz anaerob statt, also ohne Sauerstoff. Die anaeroben Bakterien arbeiten jedoch

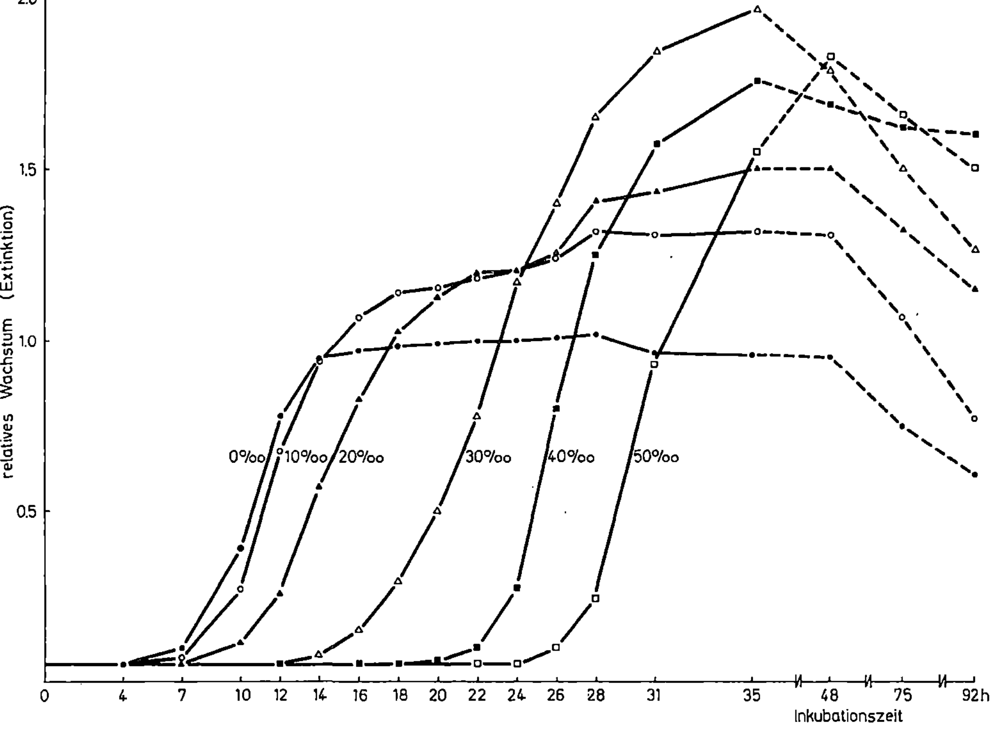

Abb. 3. Der Abbau organischer Substanz verzögert sich im Salzwasser, weil salztolerante Bakterien zunächst die Süßwasserbak-
terien ersetzen müssen. Bei guten Kulturbedingungen wächst eine
Population von Abwasserbakterien nach 7 Std Inkubationszeit
schnell heran, wenn es sich um Süßwasser handelt. Wird den Kulturen jedoch Kochsalz zugesetzt, dann verzögert sich der Beginn
des Bakterienwachstums entsprechend der Kochsalzmenge (um bis
zu 20 Std bei 50 %o Kochsalzkonzentration). Im Diagramm wird das
relative Wachstum von Bakterienkulturen durch die Extinktion des
Lichts im Kulturmedium dargestellt. (Aus GOCKE, 1975)

langsamer, und sie produzieren als Endprodukte ihres Stoffwech-
sels verschiedene organische Verbindungen, welche nach Fäkalien
stinken. Deshalb ist es in der Regel wünschenswert, den Abbau
der häuslichen Abwässer aerob durchzuführen und nicht den Fäul-
nisbakterien zu überlassen, es sei denn in abgeschlossenen Faul-
behältern.

Die Verhältnisse sind im Meer ähnlich wie im Süßwasser, auch wenn
verschiedene Bakterienarten in beiden Lebensbereichen beteiligt
sind. Bei hohen Konzentrationen organischer Abwässer setzt zwar
der Abbau im Seewasser etwas später ein als im Süßwasser, bei den
gewöhnlich anzutreffenden geringen Konzentrationen jedoch fallen
die Unterschiede nicht ins Gewicht (Abb. 2 u. 3). Verallgemeinernd
können darum die Erfahrungen mit dem Abbau häuslicher Abwässer,
welche im Süßwasser gewonnen wurden, auf die Verhältnisse an den
Küsten übertragen werden (WACHS, 1972). Allerdings darf nicht

übersehen werden, daß sich Sauerstoff im Salzwasser in etwas ge-
ringerem Maße löst als im Süßwasser (Tabelle 3).

Tabelle 3. Sättigungskonzentration des Sauerstoffs (in mg O_2/l)
bei verschiedenen Bedingungen von Temperatur und Salzgehalt

Temperatur (°C)	Salzgehalt (‰)				
	O	9,0	17,9	26,6	35,3
5	12,80	12,09	11,39	10,70	10,01
10	11,33	10,73	10,13	9,55	8,98
20	9,17	8,73	8,30	7,86	7,42
30	7,63	7,25	6,86	6,49	6,13

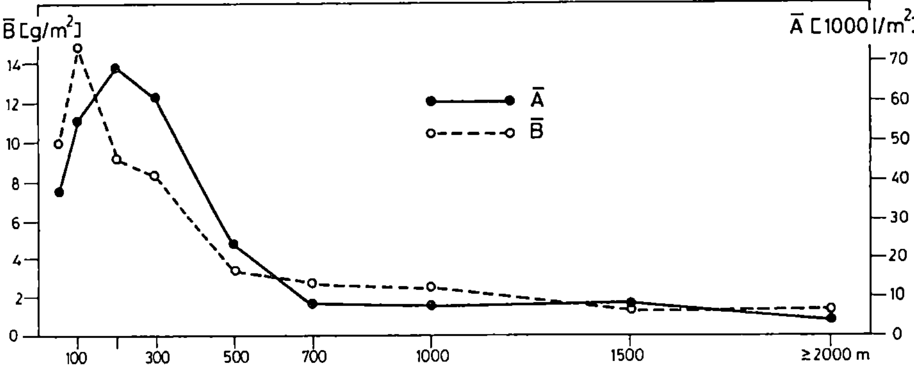

Abb. 4. In der Bodenfauna spiegeln sich die Auswirkungen einer
Abwassereinleitung. Bis zum April 1972 schickte die Stadt Kiel
täglich 50.000 m³ ungereinigte Abwässer bei Bülk in die Kieler
Bucht mit 18 t partikulärer organischer Substanz, 2,4 t Phosphat
und 1,4 t Stickstoff. Die Ausleitung erfolgte 200 m vom Ufer
entfernt in 2,5 m Wassertiefe. In der weiteren Umgebung der Ausleitungsstelle bilden etwa 15 Tierarten die Bodenfauna. 200 - 700 m
von der Ausleitungsstelle entfernt verschwinden empfindliche
Sandarten, wie der Flohkrebs *Bathyporeia*; weniger anspruchsvolle
Formen, wie der Polychaet *Pygospio*, gewinnen die Oberhand. Noch
dichter an der Ausleitungsstelle ist das Sediment stark mit organischen Stoffen angereichert. Im Abstand von 50 - 100 m domini-
ren der Polychaet *Capitella* und Oligochaeten. Die Artenzahl verändert sich kaum, aber die Biomasse der Bodenfauna ist nahe der
Ausleitungsstelle 15mal, die Individuenzahl 50mal höher als
weiter entfernt; deshalb ergibt sich bei statistischer Berechnung
eine geringere Diversität. Die Graphik zeigt die Verhältnisse
bei einer Reihe von Stationen in 3 m Wassertiefe nördlich von
der Einleitungsstelle. Dargestellt werden Biomasse (B̄, Feuchtgewicht ohne Mollusken und Echinodermen, in g/m²) und Abundanz
(Ā, in 1.000 Individuen/m²). (Aus ANGER, 1975)

Tabelle 4. Belastung der Unterweser mit häuslichen Abwässern
und mit organischen Industrieabwässern 1973. Kläranlagen sind
im Bau oder in der Planung, so daß in den kommenden Jahren die
Belastung zurückgehen wird. (Daten nach ZIETZ, 1975)

Unterweser-Kilometer	Haupteinleiter	BSB (kg O_2/Tag)
8,5	Klärwerk Bremen-Seehausen	28.500
9,5	"Mobil Oil"-Raffinerie	1.300
11,0	Stadt Delmenhorst	5.600
21,5	"Bremer Wollkämmerei"	13.000
23,6	Kläranlage Bremen-Farge	300
39-42	Stadt Brake	600
42,5	Fettraffinerie Brake	2.000
48,1	Gemeinde Rodenkirchen	300
57-62	Stadt Nordenham	2.600
65-67	Stadt Bremerhaven und Fischereihafen	18.100
	Weitere Einleitungen	1.900
Insgesamt (entsprechend 1,4 Millionen Einwohnergleichwerten		74.200

An offenen Küsten mit guter Wasserdurchmischung könnte in der
Regel der Abbau der häuslichen Abwässer ohne größere Beeinträchtigung der Umwelt im Meer selbst geschehen, wenn nämlich hin-
reichende Wassermengen zur Verfügung stehen. Auch bei einem
stark strömenden Meeresgebiet wie dem Öresund zwischen Dänemark
und Schweden kann man darüber streiten, ob es notwendig ist,
aufwendige Kläranlagen zu bauen, um den Abbau der organischen
Substanz zu bewerkstelligen. Probleme treten aber immer dann
auf, wenn eine Abwassereinleitung in enge Fjorde und Buchten
oder in die Ästuare (Flußmündungsgebiete) vorgenommen wird
(Abb. 4).

In die Weser unterhalb von Bremen wurden 1973 täglich etwa 1,4
Millionen Einwohnergleichwerte an organischer Substanz eingeleitet (Tabelle 4). Die Folge ist, daß in den Sommermonaten der
Sauerstoffgehalt des Weserwassers auf 2 - 4 mg/l oder 20 - 40 %
der Sättigung absinkt; das ist gerade noch genug, um Fischsterben
zu vermeiden. Gegenwärtig werden überall an der Unterweser Kläranlagen gebaut, welche in Zukunft einen beträchtlichen Teil der
organischen Belastung zurückhalten werden. Dann wird man erkennen, welchen Beitrag der Mensch mit seinen häuslichen Abwässern
zur schlechten Sauerstoffbilanz der Unterweser geleistet hat,
und wieviel natürlichen Ursachen zuzuschreiben ist (Tabelle 5).

Tabelle 5. Die Bremerhavener Kläranlage befindet sich in der Planung; immer noch schickt die Bremerhavener Fischindustrie ungereinigte organische Abwässer in die Weser. 1969/70 wurde der biochemische Sauerstoffbedarf (BSB$_5$, in mg O_2/l) des Weserwassers oberhalb und unterhalb der Stelle gemessen, wo die Fischereihafenabwässer zusammen mit den häuslichen Abwässern von etwa 40.000 Einwohnern in die Weser gelangen. Obwohl alle Messungen bei ablaufendem Wasser und um die Niedrigwasserzeit getätigt wurden, ergeben sich unterschiedliche Verdünnungsraten je nach den herrschenden kleinräumigen Strömungsbedingungen und den Arbeitsverhältnissen der Fischindustrie. (Nach WACHS, 1972)

Datum	Entfernung stromauf (+) bzw. stromab (−) von der Einleitungsstelle (m)							
	+ 30	− 20	− 50	− 80	− 100	− 200	− 400	− 800
1.9.1969	−	383	25	21	14	7	7	7
17.9.1969	10	22	7	6	3	4	5	4
20.10.1969	2	66	4	29	30	9	2	3
27.4.1970	13	15	38	35	23	46	31	15
29.4.1970	3	15	7	−	5	3	7	9
16.9.1970	10	29	14	5	6	6	8	4
22.10.1970	3	220	19	−	4	6	6	4

Denn in der Brackwasserzone eines Ästuars ist bereits die natürliche Belastung hoch. Sowohl die marinen Plankter als auch die Organismen des Süßwasserplanktons sterben hier ab, und durch den Effekt der "Sinkstoff-Falle" kommt es zu einer bis zu 200fachen Konzentration von Schwebstoffen aller Art nahe der Brackwassergrenze (Abb. 5). Dank der Salzgehaltsschichtung ist nämlich an der Flußsohle die Transportkraft der Wasserströmung im Mittel stärker stromauf als stromab gerichtet. Suspendiertes Sediment und andere Materialien in Bodennähe werden dadurch flußaufwärts transportiert. In der Themse findet man organische Reste und Abfälle verschiedener Art, von denen man weiß, daß sie aus der Nordsee stammen. Marine Bryozoen-Reste wurden noch 20 km unterhalb der London Bridge beobachtet. Die Mengen dieser Schwebstoffe sind so groß, daß sie manchmal die Kühlwassersiebe des Kraftwerkes von Tilbury verstopfen (BOARD, 1973). Aus dem Meeresbereich in die Ästuare beförderter Detritus trägt also zur schlechten Sauerstoffbilanz bei.

Zu hoffen ist, daß der Weser das Schicksal mancher englischer Ästuare erspart bleibt. So traten im Tyne-Ästuar auf einer 10 km langen Strecke regelmäßig im Sommer bei Ebbe sauerstofflose Zonen auf, weil häusliche Abwässer von 1 Million Menschen und eine entsprechende Menge industrieller Abfallstoffe eingeleitet wurden (RATASUK, 1972). In der Themse war seit 1920 eine Verschlechterung

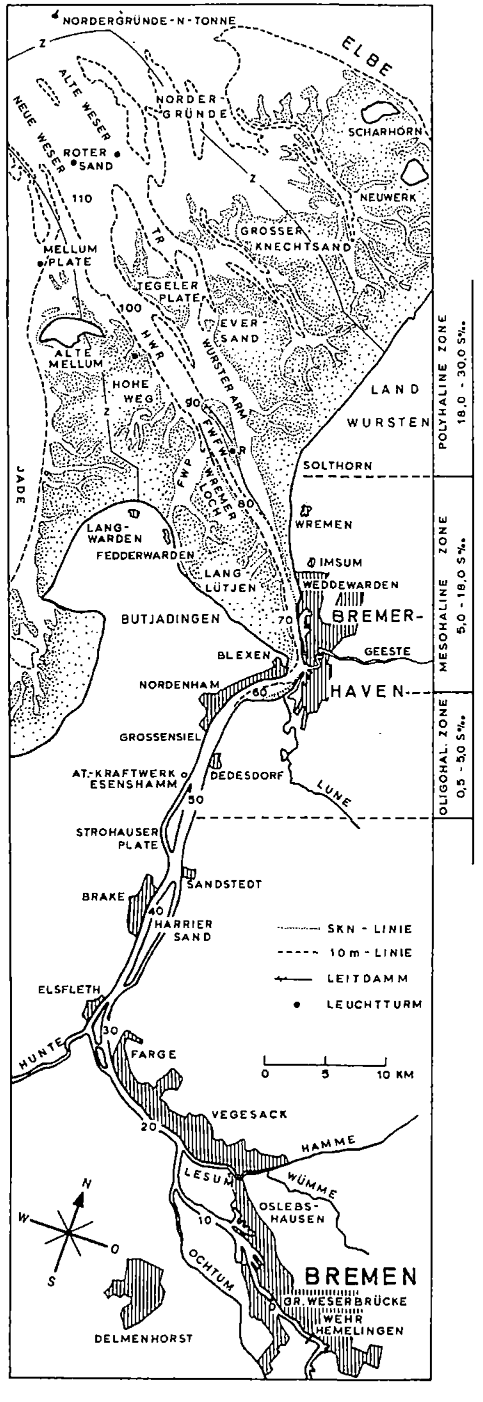

der Verhältnisse zu beobachten.
Ab 1947 war alljährlich von
Juli bis September eine etwa
20 km lange Flußstrecke 50 km
stromab von Teddington Weir
sauerstofflos, und ab 1950 wurde
auch Schwefelwasserstoffent-
wicklung beobachtet (BARRETT,
1972). Inzwischen sind Kläranlagen in Betrieb genommen worden,
und ab 1960 haben sich die Verhältnisse deutlich verbessert.
Nach 1966 wurden keine anaeroben
Zustände mehr beobachtet; 1969
wurden etwa 50 verschiedene
Organismenarten in den ehemals
abgestorbenen Regionen nachgewiesen, und seit 1972 künden
überwinternde Vogelscharen auf
den Watten von Thamesmead davon,
daß dort genug Würmer und Muscheln als Nahrung vorkommen
(WHEELER, 1970; ANON, 1972).
Dieses Beispiel zeigt, daß sich
die Aufwendungen für die Abwasserreinigung lohnen.

Abb. 5. Die bis Bremen von den
Gezeiten beeinflußte Unterweser erweitert sich bei Bremerhaven zum Delta der Außen-
weser mit Wattenflächen und
Sandbänken. Die Brackwassergrenze liegt zwischen dem Süß-
wasserbereich und der oligohalinen Zone mit 0,5 - 5 ‰
Salzgehalt; sie verschiebt
sich zwischen Brake und Bremerhaven je nach der Ober-
wasserführung (der Menge Süßwasser, welche in das Ästuar
strömt). In der oligohalinen
Zone sind besonders viele
Schwebstoffe im Wasser (Trü-
bungswolke). Zahlenangaben
entlang dem Hauptfahrwasser
bezeichnen die Kilometer-Ab-
stände von Bremen. (Aus
LÜNEBURG et al., 1975)

2.2. Krankheitserregende Keime

Es kann an dieser Stelle nicht darauf eingegangen werden, wie
wirkungsvoll konventionelle mechanische und biologische Kläranlagen bei der Zurückhaltung krankheitserregender Bakterien und
Viren sind. Auch kann nicht diskutiert werden, ob Kläranlagen
vom ökonomischen Standpunkt aus am günstigsten sind, um als wich-
tigstes Ziel der Abwasserreinigung die Vernichtung krankheitserregender Keime zu erreichen, oder ob man nicht auch andere Methoden der Sterilisation anwenden könnte. Tatsächlich ist im
Küstenbereich die Entfernung krankheitserregender Keime aus dem
Abwasser oft wichtiger als die Verringerung der organischen Ab-
wasserlast, denn man will gerne die Meeresküsten als Badestrand
hygienisch einwandfrei erhalten.

Besonders hohe Anforderungen bakteriologischer Art müssen dort
erfüllt werden, wo Muschelkulturen in der Nähe von Abwassereinleitungen liegen. Miesmuscheln und Austern filtern Bakterien aus
dem Meerwasser heraus und speichern sie teilweise, ohne daß die
Vitalität der Bakterien leiden würde. Austernzuchtgebiete unterliegen deshalb mit Recht besonders strengen hygienischen Kontrollen. Von den 3,2 Millionen Hektar Muschelzuchtgebiet an den
Küsten der USA ist ein Viertel, 0,8 Millionen Hektar, gesperrt,
weil die Wasserqualität zu wünschen läßt (WOOD, 1972). Oft ist
Vorschrift, daß Muscheln vor dem Verkauf in einwandfreiem Wasser
gehalten werden müssen, damit sie aufgenommene Keime abgeben.
Verschiedentlich werden die Muscheln vor dem Verkauf desinfiziert.
Wenn Muscheln durch Kochen ohnehin sterilisiert werden, ist die
Gefahr der Ansteckung nicht gegeben. Anfang dieses Jahrhunderts
erkrankten an Typhus Teilnehmer an einem Bankett, welches das
englische Königshaus gab: auf der Speisekarte standen rohe Austern. Der Vorfall sorgte dafür, daß schon frühzeitig gründliche
hygienische Vorkehrungen in den Austernzuchtgebieten und im
Austernhandel getroffen wurden (KORRINGA, 1968).

Wir wüßten gerne genauer, wie die wirklich gefährlichen Cholera-
bakterien, Typhus- und Paratyphuserreger, die Kinderlähmungs-
und Gelbsuchtviren und manche anderen pathogenen Keime sich tatsächlich im Gewässer verhalten, wie lange sie lebensfähig sind,
und wie sie das Meerwasser vertragen. Es ist bekannt, daß für
manche terrestrischen und Darmbakterien Seewasser eine lebens-
feindliche Wirkung hat, welche nicht immer vom Salzgehalt allein
ausgeht. Sehr wahrscheinlich sind die Lebensbedingungen für nicht-
marine Bakterien im marinen Milieu auf komplizierte Weise er-
schwert, vielleicht wegen der Konkurrenz durch marine Bakterien,
oder durch Bakterienparasiten. Darüber weiß man noch nicht viel
(Abb. 6). Salmonellen können sich auch außerhalb des Wirtes im
Wasser vermehren, wenn dort der Eiweißgehalt hoch genug ist.

Krankheitserreger kann man im Gewässer nur finden, wenn die
Krankheit in der Bevölkerung verbreitet ist und sich Ausscheider
dort finden. Bei Salmonellen kommen Seevögel als Überträger in
Betracht. Grundsätzlich aber hat es nicht viel Sinn, direkt nach
gefährlichen Erregern im Gewässer zu suchen, wenn man einen Beurteilungsmaßstab für die Wasserqualität sucht. In der Praxis
behilft man sich deshalb mit dem Nachweis von *Escherichia coli*,

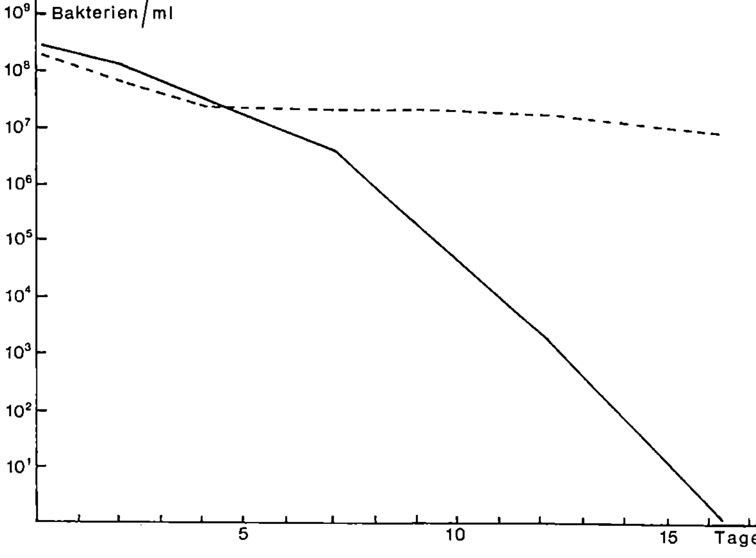

Abb. 6. Den bakterientötenden Effekt des Seewassers kann man zeigen, wenn man *Escherichia coli*-Kulturen frisches Seewasser zusetzt (ausgezogene Linie): die Bakterienzahlen in der Kultur verringern sich schnell. Der bakterientötende Effekt bleibt bestehen, wenn man das Seewasser mit 99 Teilen Süßwasser verdünnt, oder wenn man es 10 min lang auf 42°C erwärmt. Andererseits überlebt *E. coli* gut in Kulturen (gestrichelte Linie), denen bei 105°C sterilisiertes Seewasser zugesetzt wurde, oder wo das Seewasser durch Filter mit 0,45 µm Porenweite lief, oder mit künstlichem Seewasser. Aus diesen Versuchen kann man schließen, daß die bakterientötende Wirkung von lebenden Organismen ausgeht. (Nach GUELIN, 1974)

einem Bakterium, welches sich bei allen Warmblütern regelmäßig und in großen Mengen im Darmtrakt findet. Regelmäßig wird *E. coli* im Kot und darum auch im Fäkalabwasser gefunden. Natürlich sagt der Nachweis von *E. coli* in einem Gewässer nichts weiter, als daß hier Fäkalabwasser in bestimmter Verdünnung vorliegt, aber das ist (zusammen mit einigen anderen Tests, z.B. auf Enterokokken) zur Zeit die Grundlage der hygienischen Gewässerbeurteilung. Verschiedene Unklarheiten bleiben jedoch; so weiß man noch nicht hinreichend Bescheid über eine eventuelle Vermehrung von *E. coli* in Gewässern.

Im Süßwasser erwägen die Behörden ein Badeverbot, wenn regelmäßig höhere Konzentrationen als 1 - 10 *E. coli*/ml angetroffen werden. An den Meeresküsten ist man großzügiger in Anbetracht der bakteriziden Wirkung des Meerwassers, und bis vor kurzem gab es insbesondere in Großbritannien Verfechter der Ansicht, man brauche sich um das Problem nicht ernsthaft zu kümmern, weil die Gefahr einer Ansteckung so gut wie nicht bestehe (MOORE, 1970). Diese

Meinung läßt sich heute wohl nicht mehr aufrecht erhalten, nachdem besonders im Mittelmeergebiet der Zusammenhang zwischen verschiedenen Infektionen und dem Baden im verunreinigten Meer erwiesen wurde. Dennoch ist ganz offen, wo die Grenze einer zumutbaren gesundheitlichen Gefährdung liegt (REGNIER u. PARK, 1972).

In der Weser unmittelbar vor Bremerhaven wurde 1962 die Badeanstalt nach ihrer Zerstörung durch die Sturmflut nicht wieder aufgebaut, weil man Zahlen bis zu 520 *E. coli*/ml fand. Die Verhältnisse sind seitdem schlechter geworden: 1964 – 1968 lagen nur wenige Proben unter 100 *E. coli*/ml, 1969 und später zeigten einige Proben über 1.000 *E. coli*/ml. Die zuständige Gesundheitsbehörde hat daraus keine Konsequenzen gezogen und das Baden oberhalb und unterhalb von Bremerhaven nicht verboten, eben weil bisher keine Krankheitsfälle bekannt geworden sind. Man darf hoffen, daß der Bau von Kläranlagen das Problem beseitigt und die *E. coli*-Zahlen wieder zurückgehen.

Daß die Verhältnisse schlechter geworden sind, ist leicht zu verstehen: immer mehr Leute streben zu den Erholungsorten und Campingplätzen am Strand, und Kläranlagen werden dort erst seit einigen Jahren gebaut. Städte wie Bremen und Bremerhaven bauten in den letzten Jahrzehnten ihr Kanalsystem beträchtlich aus (Bremerhaven 1947: 130 km, 1973: 430 km) und führten damit immer mehr Haushalte an den Vorfluter Weser heran. Die zugehörigen Kläranlagen folgen aber erst jetzt nach.

Normalerweise urteilte man in der Bundesrepublik Deutschland bisher, daß nicht mehr als 20 % der Proben höhere *E. coli*-Zahlen als 100/ml haben dürfen, wenn ein Küstengewässer für Badezwecke geeignet sein soll. In Dänemark war die Regelung strenger. Wünschenswert sind bessere Maßstäbe, die überregional gültig sind. In der Europäischen Wirtschaftsgemeinschaft sind Richtlinien erarbeitet worden (s. Kapitel 11), welche für alle Mitgliedsländer gelten sollen. Danach dürfen nicht mehr als 5 % der Proben mehr als 20 Fäkal-*coli*/ml oder mehr als 100 *E. coli*/ml insgesamt enthalten.

2.3. Gefahren der Eutrophierung

Wenn häusliche Abwässer von Bakterien abgebaut werden, entsteht nicht nur Kohlendioxid und Wasser, es werden auch Stickstoff und Phosphor, die ursprünglich in den Eiweißbestandteilen von Pflanzen und Tieren eingebaut waren, als anorganische Verbindung frei. Nitrate, Phosphate und andere Salze sind Nährstoffe für das Pflanzenwachstum. Der Stoffkreislauf in der Natur funktioniert nur, wenn immer wieder diese Nährsalze freigesetzt werden; ohne sie könnte kein Pflanzenwachstum stattfinden (Abb. 1). Allerdings tut man des Guten zuviel, wenn man mehr Nährstoffe in Gewässer bringt, als gebraucht werden. Die Gewässer werden dann nicht nur eutrophiert, sondern hypertrophiert, regelrecht überdüngt, mit dem Ergebnis, daß ein zu üppiges Pflanzenwachstum entsteht. Würde ein Landwirt düngen, ohne zu ackern, wäre nur Unkraut die Folge. Im Meer kann man nicht jäten, bei Überdüngung entwickelt sich eine Flora, welche nicht immer erwünscht ist, weil sie die normale Algenflora verdrängt.

Tabelle 6. Belastung der Nordsee durch häusliche Abwässer von Anliegerstaaten und durch den Rhein. Die Daten können nur einen groben Anhaltspunkt bieten; für die organische Belastung aus industriellen Quellen muß noch ein Wert von etwa 460.000 t BSB zugerechnet werden. Nicht berücksichtigt worden ist, daß Nährstoffe teilweise im Ästuarbereich oder im unmittelbaren Küstenbereich sedimentiert werden und nicht das Wasser der offenen Nordsee erreichen. (Nach ICES, 1974)

Land	BSB in 1000 t		Stickstoff in 1000 t		Phosphor in 1000 t	
Norwegen	49		10		2,1	
Schweden	87		16		1,8	
Dänemark	13		2		0,4	
Deutschland (ohne Rhein)	66		91		13,7	
Weser		40		30		3,5
Elbe		22		50		9,0
Rhein (nach POSTMA, 1976)	–		630		30,0	
Niederlande	75		23		8,0	
Belgien	8		2		0,2	
Frankreich	1		2		0,4	
England	213		41		7,6	
Tyne		29		4		0,6
Themse		93		24		4,8
Schottland	34		12		2,0	

Beträchtliche Nährstoffmengen werden über Flüsse und Abwässer der Nordsee zugeführt: über 800.000 t Stickstoff und 60.000 t Phosphor jährlich (Tabelle 6), dazu kommt der Eintrag über die Atmosphäre. Diese Nährstoffe stammen aus verschiedenen Quellen: die normale Verwitterung der Gesteine und der Erdkrume, ausgewaschener oder mit Bodenkörnern erodierter Mineraldünger von den landwirtschaftlichen Flächen, die Gülle (verflüssigte Fäkalien und Harn von der modernen Viehhaltung), häusliche Abwässer, Waschmittel, industrielle Abwässer. Die größten Phosphormengen gelangen in der Bundesrepublik über die kommunalen Abwassereinleitungen in den Vorfluter, während Stickstoff in großen Mengen von den landwirtschaftlichen Flächen stammt. Die Reinigung der Abwässer in Kläranlagen hat nur begrenzte Auswirkungen auf die Nährstofffracht: Vollbiologische Kläranlagen halten etwa ein Drittel des Phosphors zurück, denn die Abwasserbakterien setzen Phosphat in gelöster Form frei. Nur mit besonderen chemischen Methoden der Abwasserreinigung, durch Fällung mit Eisen- oder Aluminiumsulfat, lassen sich Nährstoffe wirkungsvoll aus dem Abwasser herausholen.

Gegenwärtig sollen etwa 15 % der Phosphormengen, welche insgesamt in die Nordsee gelangen, aus den Flüssen stammen, der überwiegende Anteil wird durch Meeresströmungen aus dem Atlantik heran-

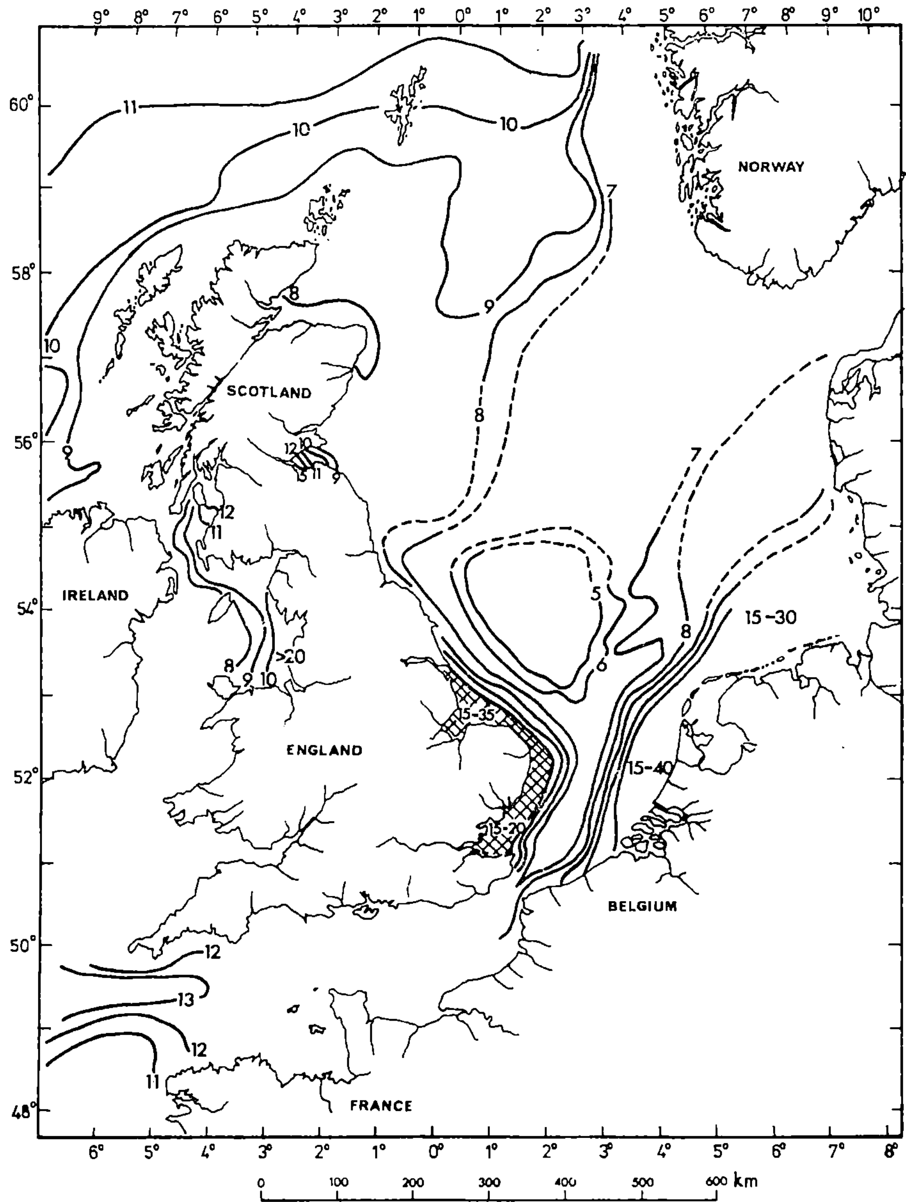

Abb. 7. Nitratkonzentration im Nordseewasser während des Winters.
Die Zahlen beziehen sich auf Nitratstickstoff in μg-atom/l; sie
sind mit 14 zu multiplizieren, wenn man Werte in μg/l erhalten
will. (Aus McINTYRE u. JOHNSTON, 1975)

geführt. Man kann wohl noch nicht sicher sagen, ob die Nordsee
in der Gesamtheit bereits Auswirkungen einer zunehmenden Eutrophierung zeigt. Wenigstens ist es bisher nicht gelungen, schlüssig
den höheren Fischereiertrag aus der Nordsee durch Eutrophierung

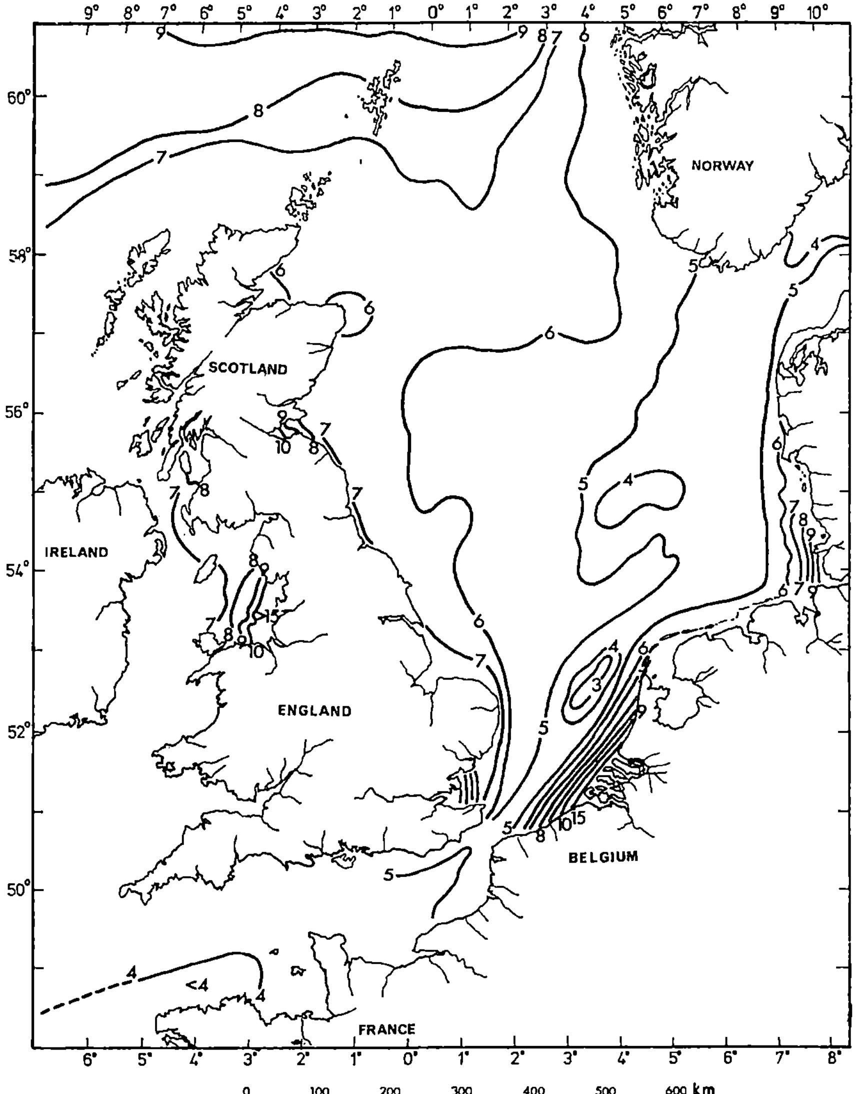

Abb. 8. Phosphatkonzentration im Nordseewasser während des Winters. Die Zahlen beziehen sich auf 10^{-7}g-atom/l Phosphatphosphor; sie sind mit 3,1 zu multiplizieren, wenn man Werte in µg/l erhalten will. (Aus McINTYRE u. JOHNSTON, 1975)

zu erklären: Während in den dreißiger Jahren jährlich etwa 1,3 Millionen Tonnen Fische in der Nordsee gefangen wurden, waren es in den sechziger Jahren etwa 2,4 Millionen Tonnen jährlich.

In den niederländischen und deutschen Küstengebieten der Nordsee sieht die Lage anders aus, denn hier bringen Meeresströmungen nur etwa ebenso viel Nährstoffe heran, wie aus den Flüssen zugeliefert wird. Der Nährstofftransport durch die Flüsse ist aber in den vergangenen Jahrzehnten immer größer geworden: 1932 brachte

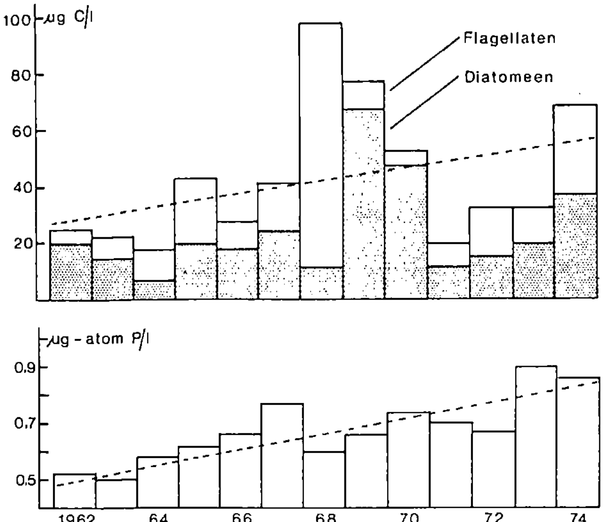

Abb. 9. Auch in der Helgoländer Bucht scheint während der vergangenen Jahre ein Trend zur Eutrophierung geherrscht zu haben.
Regelmäßige Messungen des Phosphatphosphors im Meerwasser bei
Helgoland-Reede zeigen einen Anstieg des Jahresmittelwertes von
etwa 0,5 µg-atom/l im Jahr 1962 auf etwa 0,8 µg-atom/l im Jahr
1974 (unteres Diagramm). Allerdings sind die Schwankungen von
Jahr zu Jahr groß, und die Werte hängen stark von den Süßwasser-
mengen ab, welche von den Flüssen Elbe und Weser in die Helgoländer Bucht transportiert werden. In regenreichen Jahren ist
der mittlere Salzgehalt geringer, der mittlere Phosphatgehalt
höher. Noch stärker schwanken die Jahresmittelwerte der Phyto-
plankton-Biomasse (in µg Kohlenstoff/l, oberes Diagramm), und
es ist noch zweifelhaft, ob die errechnete Gerade tatsächlich
eine Zunahme des Phytoplanktons in der Helgoländer Bucht während
der vergangenen 12 Jahre signalisiert. Das kann erst abgesichert
werden, wenn weitere Beobachtungsdaten vorliegen. (Nach HAGMEIER,
1976)

der Rhein etwa 3.000 t Phosphor jährlich in das Mündungsgebiet,
1955 waren es 7.000 t, 1970 dagegen 30.000 t. In den Küstengebieten der südwestlichen Nordsee und der Deutschen Bucht sind
darum die Nährstoffkonzentrationen hoch (Abb. 7 u. 8). Leider
gibt es nur wenige Langzeitbeobachtungen der Nährstoffkonzentrationen und des Planktons, so daß man die Auswirkungen der Eutrophierung nur an wenigen Beispielen verfolgen kann.

Im niederländischen Wattenmeer wurde in den letzten Jahren eine
Verdoppelung der Phytoplanktonproduktion festgestellt, zugleich
ein ungewöhnlicher Jahresgang der Nährstoffkonzentrationen
(POSTMA, 1976): Auch im Sommer war Phosphat im Seewasser reichlich vorhanden. Normalerweise begrenzt Phosphor das Wachstum der
Phytoplanktonalgen, wenn Lichtverhältnisse und Wassertemperaturen
günstig sind: Phosphor ist dann Minimumfaktor. Planktonalgen
brauchen zum Wachstum Nährstoffe im Verhältnis Phosphor : Stickstoff : Silizium wie 1 : 15 : 7. Wenn Phosphor im niederländischen Wattenmeer überreichlich vorhanden ist, dann wird Silizium

zum Minimumfaktor, der die Menge der Planktonentwicklung kontrolliert. Die Flüsse bringen nicht mehr Silizium ins Meer als früher.

Auch im Gebiet um Helgoland, welches durch die Nährstofffracht der Flüsse Elbe und Weser beeinflußt wird, haben sich anscheinend die Phosphormengen im Meerwasser erhöht (Abb. 9). Ob sich daraus auch bereits eine steigende Tendenz für das Phytoplankton ergeben hat, wird man erst nach einigen weiteren Jahren Beobachtung feststellen können, denn starke Unterschiede von Jahr zu Jahr machen es schwer, Trends statistisch abzusichern.

Die Ozeane in ihrer Gesamtheit sind oligotroph, nährstoffarm, wenn man nur die lichtdurchflutete produktive Oberflächenschicht betrachtet. Das Wasser der Oberflächenschicht ist warm und darum leichter als das kalte Tiefenwasser, und in den Tropen findet über weite Strecken der warmen Ozeane hin kein Wasseraustausch zwischen Oberflächen- und Tiefenwasser statt. Absterbende Planktonorganismen und Kotpillen von Planktonkrebsen sinken langsam nach unten und transportieren Phosphor und Stickstoff von der Oberflächenschicht fort. Könnte man den Nährstoffverlust durch Düngung wettmachen, dann wäre es wohl möglich, den Fischereiertrag der tropischen Meere zu vervielfachen. Technisch und ökonomisch ist diese Idee jedoch eine Illusion.

Vom Blickwinkel der Meeresverschmutzung aus betrachtet ist die Eutrophierung kein Problem, welches Weltmaßstab annehmen könnte. Der Blickwinkel Rohstoffversorgung wäre wichtiger. Stickstoffsalze kann die chemische Industrie in unbegrenzten Mengen schaffen, sofern genügend Energie für die Synthese aus dem Luftstickstoff verfügbar ist. Die Phosphorerzlager dagegen lassen sich nicht erneuern, und die bekannten Lagerstätten würden zwar bei gegenwärtigen Verbrauchsgewohnheiten noch ein halbes Jahrtausend ausreichen, aber wenn man global und vorausschauend denkt und das Wohl künftiger Generationen im Auge hat, dann ist es nicht zu verantworten, daß unersetzlicher Kunstdünger im Übermaß verwendet und Phosphor mit Waschmitteln verschwendet wird. Denn die in den Weltmeeren vorhandenen Phosphormengen tragen nur zu einem geringen Teil zur Fruchtbarkeit der Welt bei; überwiegend sind sie in den lichtlosen Tiefen der Weltmeere vorhanden und können nicht ausgenutzt werden.

Soll man für Küstenstädte Kläranlagen bauen, welche auch Nährstoffe aus dem Abwasser fällen, so daß man die Rückstände auf Halden lagern könnte und das Meer vor den Gefahren der Eutrophierung verschont bleibe? Im Süßwasser ist die Antwort in vielen Fällen eindeutig; dort muß die Eutrophierung vermieden werden, wenn Flüsse und Seen die Selbstreinigungskraft behalten und Trinkwasser liefern sollen. Für die Küsten ist diese Frage viel schwerer zu beantworten. In den Städten am Öresund befürworten die Schweden eine vollständige Reinigung der Abwässer, während es von dänischer Seite Stimmen gibt, welche das für überflüssig halten. Im kleinen Maßstab sind die Verhältnisse am Öresund ähnlich wie in der Ostsee, und auch bei der Ostsee weiß man gegenwärtig noch nicht hinreichend genau was passiert, wenn man nährstoffhaltige Abwässer zuführt.

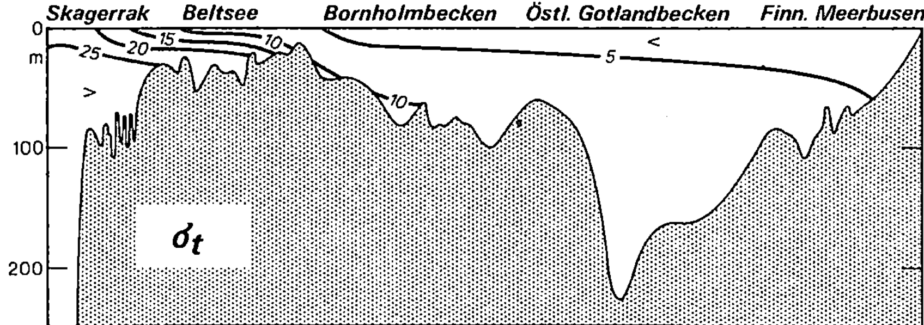

Abb. 10. In der Ostsee liegt eine Oberflächenschicht mit geringer Dichte über dem dichteren Tiefenwasser. Der Dichteunterschied verhindert, daß es zum Austausch von Tiefenwasser und Oberflächenwasser kommt. Die Dichte ist als σ_t angegeben. (Aus SIEDLER u. HATJE, 1974)

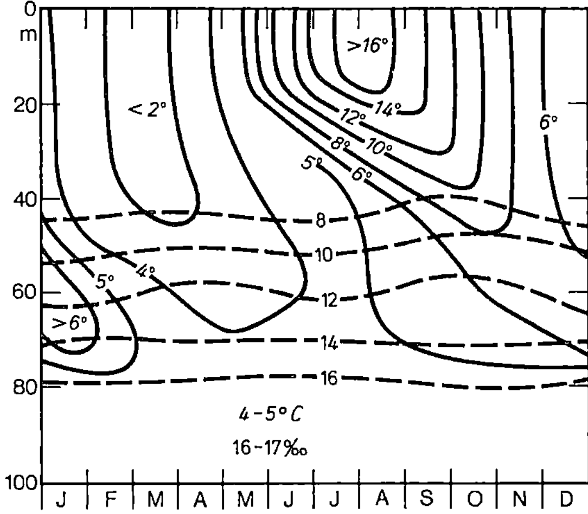

Abb. 11. Im Bornholm-Tief nimmt der Salzgehalt zwischen 40 und 80 m Wassertiefe von 8 auf 16 ‰ zu. Es entsteht eine Salzgehalts-Sprungschicht (Halokline), welche in allen Jahreszeiten stabil bleibt (gestrichelte Linien). Auch wenn sich das Oberflächenwasser im Winter abkühlt und dichter wird (ausgezogene Linien), so wird doch dadurch die Wasserschichtung auch in den Wintermonaten nicht aufgehoben. Im Tiefenwasser beträgt das ganze Jahr über die Wassertemperatur 4 - 5°C, der Salzgehalt 16 - 17 ‰. (Aus SIEDLER u. HATJE, 1974)

An der Oberfläche der Ostsee strömt das Süßwasser der zahlreichen Flüsse zum Skagerrak, vermischt mit Salzwasser. Wie eine Decke liegt das Brackwasser über dem stärker salzhaltigen Tiefenwasser (Abb. 10 u. 11). Dadurch wird gewöhnlich jeder unmittelbare Kontakt des Tiefenwassers mit der Atmosphäre verhindert, und nur durch Diffusion erfolgt ein gewisser Sauerstofftransport zum Tiefenwasser. Darum ist das Tiefenwasser der Ostseebecken sauerstoffarm. Daß Sauerstoff dort nicht ganz fehlt, liegt an Schüben sauerstoffreichen Skagerrakwassers, die immer wieder bei ent-

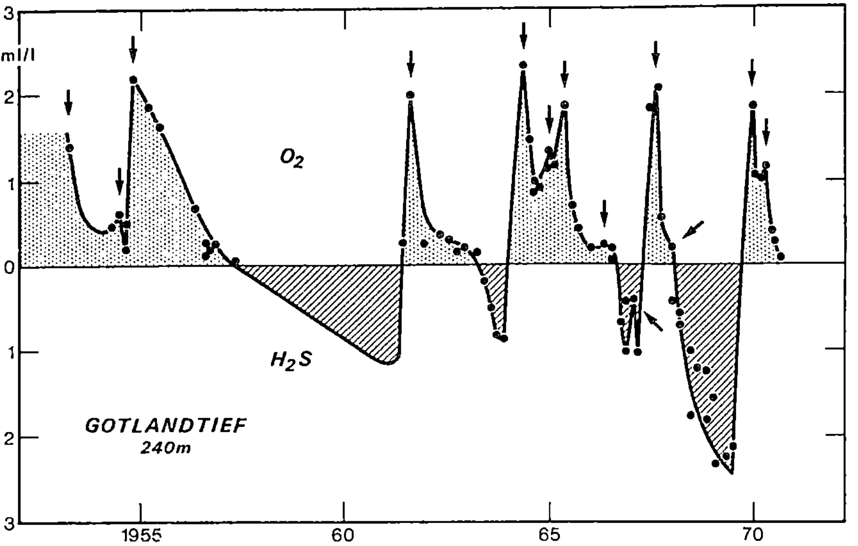

Abb. 12. Zwischen 1957 und 1970 gab es 4 Perioden mit Sauerstoffmangel und Schwefelwasserstoff im Bodenwasser des Gotland-Tiefs.
Wiedergegeben sind die Verhältnisse an einer 240 m tiefen Station,
in der oberen Hälfte die Konzentrationen des Sauerstoffs, in der
unteren Hälfte die Konzentrationen des Schwefelwasserstoffs.
(Nach Daten von FONSELIUS aus GRASSHOFF, 1974)

Tabelle 7. Im Bornholm-Tief hatte früher eine Bodenfauna mit der
Muschel *Macoma calcarea* als dominierende Form gelebt. Als Folge des
Sauerstoffmangels war 1968 das gesamte Makrobenthos im Bereich
tiefer als 75 m ausgestorben. Nachdem sauerstoffreiches Wasser im
Winter 1969/70 eingeströmt war, konnte 1970 wieder Bodenfauna be-
obachtet werden. Dabei sind allerdings Muscheln kaum vertreten.
Einige opportunistische Arten überwiegen, am häufigsten der
Polychaet *Scoloplos armiger*. Die Tabelle nennt die Fauna von 42
Bodenproben, gesammelt im April und September 1970. (Nach
LEPPÄKOSKI, 1975)

Art	Frequenz (%)	Abundanz (Ind./m^2)		Biomasse (g/m^2)	
		mittl.	max.	mittl.	max.
Scoloplos armiger	100	1.028	2.600	7,50	16,3
Harmothoe sarsi	95	79	260	0,95	3,4
Trochochaeta multisetosa	62	24	110	0,15	0,7
Heteromastus filiformis	45	19	87	0,15	1,4
Macoma sp. juv.	33	9	43	0,02	0,1
Capitella capitata	26	4	13	0,02	–

Außerdem: *Diastylis rathkei, Priapulus caudatus, Nephtys ciliata, Pontoporeia
femorata, Pholoe minuta, Halicryptus spinulosus,* Nemertinen, *Terebellides
stroemi*

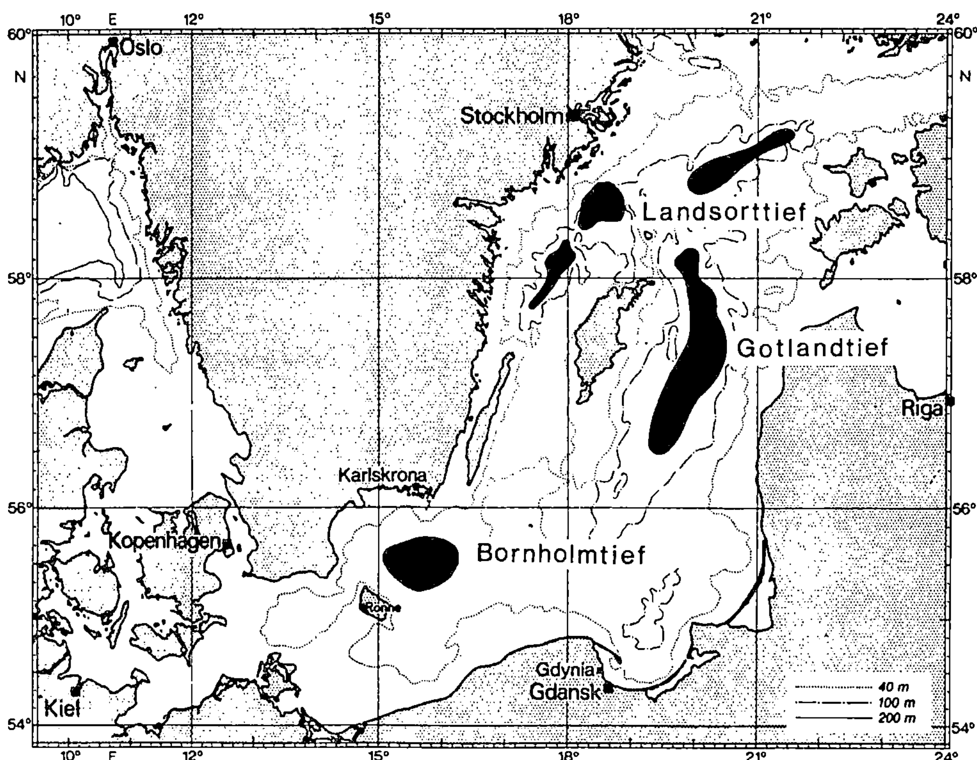

Abb. 13. Karte der Ostsee mit den tiefen Becken, in denen 1969
Sauerstoffmangel beobachtet wurde (Nach GRASSHOFF, 1975)

sprechenden Wetterlagen über die flachen Schwellen der Beltsee
gedrückt werden.

Offensichtlich sind die Verhältnisse in den vergangenen Jahrzehnten schlechter geworden. Um 1900 wurden im Landsort-Tief in Bodennähe noch 2,5 ml/l Sauerstoff gemessen, 1950 waren es nur noch
etwa 1,5 ml/l, und seitdem sind mehrfach Situationen ohne Sauerstoff aufgetreten, ebenso in den anderen tiefen Becken der Ostsee
(Abb. 12 u. 13). Im Bornholm-Tief verschwand 1968 der Sauerstoff
und giftiger Schwefelwasserstoff breitete sich im Tiefenwasser
aus. Bis auf einige Fadenwürmer starb die gesamte Bodenfauna aus.
Im Winter 1969/70 fand dann eine Erneuerung des Bodenwassers
statt, und im Jahr 1970 waren auch wieder Bodentiere vorhanden
(Tabelle 7). Im Frühjahr 1975 stellten Wissenschaftler auf dem
deutschen Forschungsschiff "Meteor" erneut Sauerstoffmangel in
den Becken des Bornholm-Tiefs und des Danziger Tiefs fest. Der
Winter 1975/76 brachte dann anscheinend erneut einen Salzwasser-
einbruch mit sauerstoffreichem Wasser.

Gegenwärtig versuchen die Meereskundler aller Ostsee-Staaten in
internationaler Zusammenarbeit herauszufinden, ob die Verschlechterung der Sauerstoffverhältnisse im Tiefenwasser der Ostsee

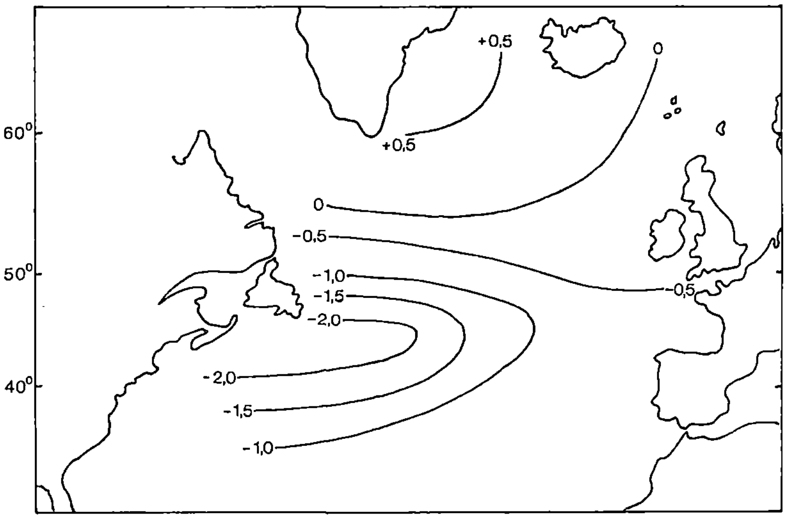

Abb. 14. Der Wasseraustausch zwischen Skagerrak und Ostsee wird großräumig von den Windverhältnissen im Nordatlantik beeinflußt. Die klimatischen Verhältnisse im Nordatlantik haben sich in den vergangenen Jahren beträchtlich verändert. Auf der Karte werden Daten von 1951 – 1955 mit Daten verglichen, welche 1968 – 1972 gemessen wurden. Es handelt sich um die Wassertemperaturen im Februar von Wetterschiffen im Nordatlantik. Die Zahlen geben in °C an, um welchen Betrag sich die Werte 1968 – 1972 unterscheiden. (Nach Daten von RODEWALD aus WAHL u. BRYSON, 1975)

allein oder ganz überwiegend darauf zurückzuführen ist, daß sich in den vergangenen Jahrzehnten die Großklimalage im Nordatlantik (Abb. 14) verändert hat, oder ob andere naturgegebene Tendenzen sich so auswirken, daß jetzt seltener Salzwassereinbrüche vom Skagerrak her das Tiefenwasser der Ostsee erneuern. Schließlich darf man nicht vergessen, daß die Ostsee als Meeresgebiet ohnehin erst 7.000 Jahre alt ist und keinen stabilen Zustand repräsentiert (Abb. 15).

Gleichzeitig wird die Frage untersucht, welchen Einfluß die Bevölkerung in den Anliegerstaaten auf die Sauerstoffveränderungen hat. 1960 wurden mit Abwässern 1,5 g Phosphor pro Einwohner in die Ostsee gebracht. 1970 war durch phosphathaltige Waschmittel und gesteigerte landwirtschaftliche und industrielle Produktion der Wert auf etwa 4 g Phosphor pro Einwohner gestiegen. Wie die tropischen Ozeane ist die Ostsee nährstoffarm im Oberflächenwasser, denn Nährstoffe gehen ständig mit absinkenden Planktonleichen und Planktonkot an die Tiefenschicht verloren. Wenn das Abwasser der Städte größere Mengen Nährstoffe in das Oberflächenwasser der Ostsee bringt, dann ergibt sich daraus eine Produktionssteigerung des Phytoplanktons und eine Belebung des Stoffumsatzes in der Nahrungskette. Mehr tote organische Substanz sinkt aus der Oberflächenschicht ab und gelangt in das Tiefenwasser. Dort erhöht sich Zahl und Aktivität der Meeresbakterien, welche sich von toter organischer Substanz ernähren. Sauerstoff

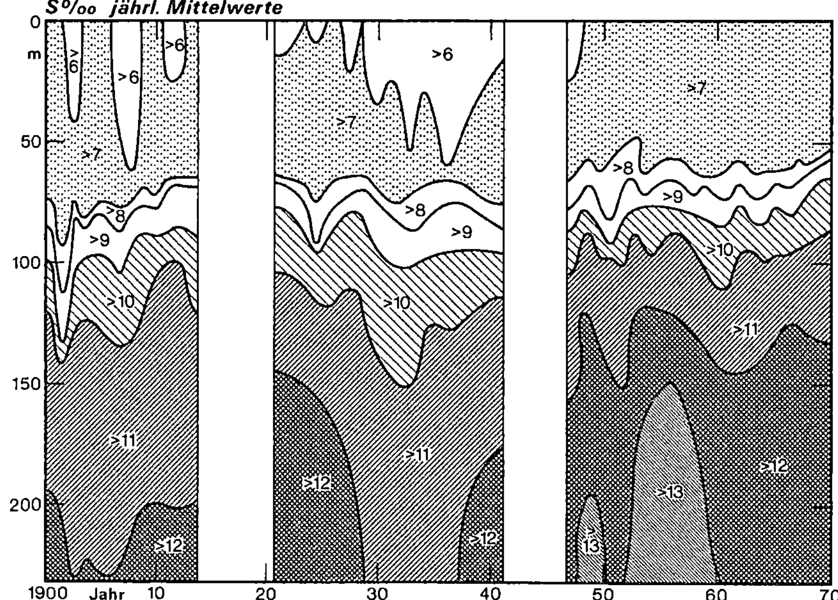

Abb. 15. Im Gotland-Tief ist seit 1900 der Salzgehalt des Tiefenwassers almählich angestiegen, und die 8-‰-Isohaline ist von 80 m
Wassertiefe auf 65 m Wassertiefe verlagert worden. Die Menge des
Tiefenwassers unter der Halokline hat also zugenommen. Die Graphik
zeigt die Jahresmittelwerte für den Salzgehalt in ‰ . (Nach Daten
von FONSELIUS aus GRASSHOFF, 1974)

wird von den Bakterien verbraucht, bis er nicht mehr verfügbar
ist, und dann entsteht durch anaerobe Bakterientätigkeit Schwefelwasserstoff, die Bodenfauna stirbt ab. 1 g Phosphor kann eine
Pflanzenproduktion von 50 g Kohlenstoffäquivalenten zur Folge
haben. Tote organische Substanz mit 50 Kohlenstoffäquivalenten
braucht aber 150 g Sauerstoff beim bakteriellen Abbau.

Nach meinem Wissen ist es zur Zeit eine offene wissenschaftliche
Frage, ob die zweifelsfrei nachgewiesene Eutrophierung des Oberflächenwassers der Ostsee einen nennenswerten Beitrag zum Sauer-
stoffdefizit im Tiefenwasser leistet, oder ob die naturgegebenen
und nicht beeinflußbaren Prozesse das Übergewicht haben. Antwort
auf diese Frage werden die umfangreichen Forschungsprogramme geben, welche die Wasseraustauschvorgänge im Ostseebereich und die
Sauerstoff- und Nährstoffkreisläufe aufklären wollen (Abb. 16 u.
17).

Wenn sich die Ostsee naturgegeben so stark verändert, daß die
vom Menschen verursachte Eutrophierung dabei nur eine unterge-
ordnete Rolle spielt, dann wären viele Maßnahmen zur Abwasserreinigung nicht erforderlich, welche gegenwärtig von den Anliegerstaaten der Ostsee durchgeführt werden. Man brauchte dann die
Kläranlagen nur so auszulegen, wie es aus lokalen hygienischen
Gründen oder für die Erhaltung der Selbstreinigungskraft des
Oberflächenwassers notwendig wäre.

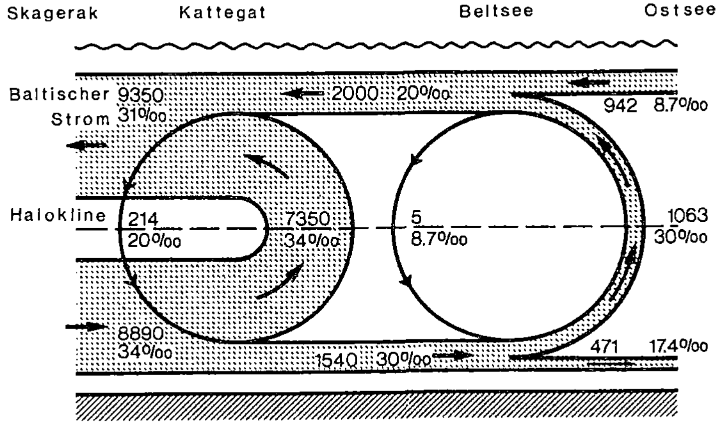

Abb. 16. Ob die Meeresverschmutzung dazu beiträgt, daß im Tiefenwasser der Ostsee Schwefelwasserstoff auftritt, ist gegenwärtig
eine offene Frage. Sie kann beantwortet werden, wenn der Wasseraustausch zwischen Skagerrak und Ostsee genau bekannt ist. Das
Schema wurde 1941 von STEEMAN NIELSEN entworfen; eingetragen sind
Daten nach dem gegenwärtigen Stand der Kenntnis. Allerdings dürften sich die Zahlen in den nächsten Jahren noch verändern, wenn
die Ergebnisse der internationalen Ostseeforschung vorliegen.
Die Wassermengen sind in km^3/Jahr angegeben. (Nach GRASSHOFF,
1975)

Wenn sich aber herausstellt, daß menschliche Aktivitäten tatsächlich entscheidend die Sauerstoffbilanz der Ostsee beeinflussen, dann handelt es sich um ein erschreckendes Beispiel für
die Macht, welche die Zivilisation nicht nur über Flüsse und
Seen, nicht nur über die Großen Seen Amerikas, sondern auch über
ein großes Binnenmeer wie die Ostsee hat. Im übrigen wäre es
voraussichtlich nicht katastrophal für die Ostseeländer, wenn
hydrographisch die Ostsee sich dem Zustand nähert, der im Schwarzen Meer seit einigen Jahrtausenden herrscht. Auch dort deckt
eine brackige Oberflächenschicht leichten Wassers das salzreiche
Tiefenwasser ab und verhindert den Kontakt mit der Atmosphäre.
Die Wassererneuerung durch die Dardanellen reicht nicht zu einer
Sauerstofflieferung in das Tiefenwasser des Schwarzen Meeres,
so daß dort unterhalb von etwa 175 m Wassertiefe ständig Schwefelwasserstoff vorhanden ist und kein Tierleben möglich ist. An der
Wasseroberfläche und an den Stränden merkt man aber davon nichts.
Setzte sich in der Ostsee der Trend zum Sauerstoffmangel im Tiefenwasser fort, dann würde das Leben im Oberflächenbereich davon
kaum betroffen werden, nur die Dorsche verlören ihre Laichgründe
im salzigen Tiefenwasser.

2.4. Detergentien

Als Detergentien oder Tenside bezeichnet man Substanzen, welche
die Oberflächenspannung des Wassers herabsetzen; sie sind in
Waschmitteln wirksam. Seit einigen Jahrzehnten spielen sie in

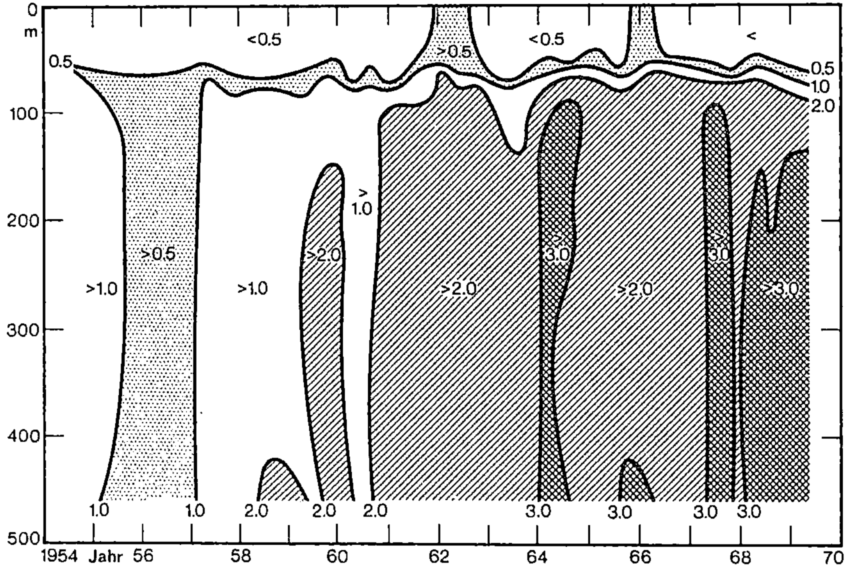

Abb. 17. Im Tiefenwasser des Landort-Tiefs hat zwischen 1954 und 1969 der Phosphatgehalt zugenommen. Besonders hohe Werte werden in den Jahren beobachtet, welche auf Perioden des Sauerstoffmangels (Abb. 12) folgen. Vermutlich werden immer dann große Phosphormengen aus dem Bodensediment freigesetzt, wenn an der Grenze zwischen Meerwasser und Meeresboden Reduktionsbedingungen herrschen. Die Zahlen geben die Konzentrationen des Phosphatphosphors in µg-atom/l an. (Daten von FONSELIUS aus GRASSHOFF, 1974)

Haushalt und Industrie eine große Rolle. Nach den schlechten Erfahrungen mit persistenten Verbindungen ist es jetzt Vorschrift, daß Waschmittel weitgehend biologisch abbaubar sein müssen. Tatsache ist aber, daß Tenside verschiedener Zusammensetzung bei Konzentrationen von mehr als 0,1 mg/l giftig wirken, denn die Veränderung der Oberflächenspannung beeinflußt auch den Stoffaustausch an den Grenzflächen der Organismen.

Dabei erweisen sich im klassischen Toxizitätsversuch Meerestiere als sehr widerstandsfähig: Erst bei Konzentrationen von 5 - 100 mg/l stirbt die Hälfte der untersuchten Miesmuscheln in Versuchen, die sich über 4 Tage erstrecken. Bei 1,5 mg/l des Tensids TAE 10 EO werden Miesmuscheln auch über 5 Monate hin nicht in ihren Lebensäußerungen beeinträchtigt und produzieren Geschlechtsprodukte (GRANMO u. JØRGENSEN, 1975). Aber schon bei der geringen Konzentration von 0,5 mg/l ist die Befruchtungsrate der Eier deutlich geringer als bei Kontrollen, die Larvenentwicklung verläuft langsamer, und auch der Übergang vom Trochophora- zum Veliger-Stadium gelingt den Larven nur bei Konzentrationen von unter 0,5 mg/l.

So hohe Konzentrationen kommen im Meer nur ausnahmsweise vor, unmittelbar in der Umgebung der Stellen, wo häusliche Abwässer

eingeleitet werden. Die Stadt Marseille bringt täglich mit ihren
Abwässern etwa 4 t Detergentien in das Mittelmeer: Nahe der Ein-
leitungsstelle werden 0,5 mg/l Detergentien gefunden, in 6 km
Entfernung verringert sich die Konzentration auf 0,01 mg/l
(DUURSMA u. MARCHAND, 1974). Auch im Mündungsgebiet von Weser
und Elbe sind die Konzentrationen etwa 0,3 mg/l.

2.5. Schleichende Veränderungen an den Küsten

Weltweit beobachtet man überall in der Nähe von Küstenstädten
eine Verarmung der Tier- und Pflanzenwelt, am augenfälligsten
in der Gezeitenzone oder im Flachwasser. In der Adria ist besonders das Verschwinden der bis zu 1 m hohen bestandbildenden
Braunalgen der Gattung *Cystoseira* auffällig. Aber auch in norwegischen Fjorden verschwinden die Tange aus der Nähe der Ortschaften; es breiten sich andere Algen dafür aus: *Cladophora,
Enteromorpha* und Blaualgen. Im Mittelmeer werden vielfach auch
die etwas tieferen Regionen betroffen, in denen früher Seegras
(*Posidonia*) üppige Wiesen bildete. Sowohl in der Gegend von
Marseille als auch in der Adria ist das Seegras in der Nähe von
vielen Ortschaften verschwunden, stattdessen haben sich die
Algen *Ulva* und *Halopteris* vermehrt; auch in der Bodenfauna sind
Veränderungen geschehen (KATZMANN, 1974; AVCIN et al., 1974;
MUNDA, 1974). Im Öresund zwischen Malmö und Kopenhagen sind in
den letzten Jahrzehnten 20 Arten von Großalgen verschwunden,
dafür haben andere Algen wie *Cladophora, Enteromorpha, Ectocarpus,
Pylaiella* und *Polysiphonia* ihren Bestand vermehrt (WACHENFELDT,
1971). Das Armleuchtergewächs *Chara aspera*, welches früher im
inneren Schärengürtel bei Stockholm häufig war, kommt dort nicht
mehr vor. Allenfalls werden gelegentlich ganz kümmerliche Exemplare gefunden. Erst 25 – 30 km von Stockholm entfernt sind die
Pflanzen normal entwickelt (PEKKARI, 1973).

Schon geringe Menschenansammlungen stören die Küstenvegetation:
76 km von der kalifornischen Küste entfernt liegt die Insel
San Clemente, von 300 Marinesoldaten bevölkert. Täglich gelangen
nur etwa 100 m^3 gewöhnliche Abwässer in das Meer. Trotzdem sind
im Verlauf von 10 Jahren mehrere Algenarten aus der Uferzone
nahe der Abwassereinleitung verschwunden: *Egregia, Hydrolithon,
Halidrys, Phyllospadix* und *Sargassum*. 100 m entfernt von der Einleitungsstelle kommen diese Algen wie auch sonst überall vor
und stellen etwa ein Drittel der Pflanzenbedeckung. Aber nahe
der Einleitungsstelle sind sie durch *Ulva, Gelidium* und Blaualgen ersetzt worden (LITTLER u. MURRAY, 1975).

Obwohl die Veränderung der Algengemeinschaften an von Abwässern
beeinflußten Küsten weltweit beobachtet wird, konnte bisher noch
keine Einzelursache dafür verantwortlich gemacht werden. Die
Mischung häuslicher und industrieller Abwässer, welche von vielen
Küstenorten in das Meer geleitet wird, kann ja vielfältige Wirkungen haben: Das Wasser wird erwärmt (wenn auch nicht so stark
wie bei Kühlwassereinleitungen; Abb. 18 u. 19), Abwasser enthält
Trübstoffe der verschiedensten Art, welche sich ablagern, die
Sauerstoffbilanz verschlechtert sich und giftiger Schwefelwasserstoff kann sich im Sediment bilden, Detergentien und andere Spurenstoffe können unmittelbar giftig wirken, Öl treibt an der

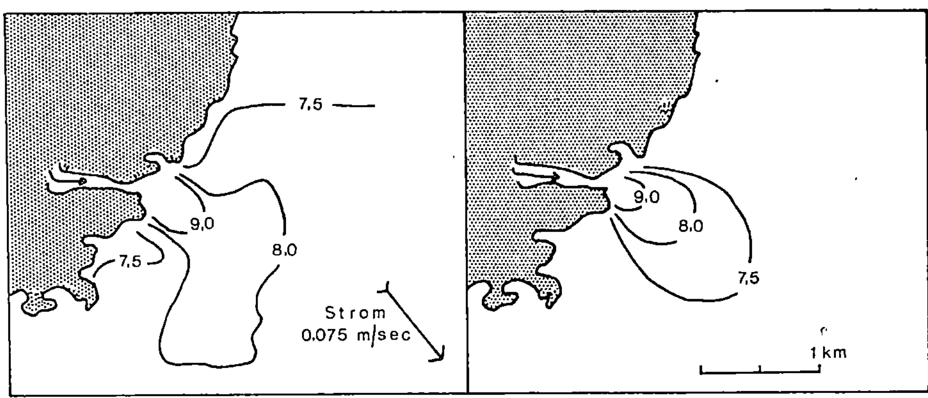

Abb. 18. Wenn einfache hydrographische Verhältnisse vorliegen,
läßt sich die Auswirkung von heißem Kühlwasser mit numerischen
Methoden gut berechnen. In der Abbildung ist rechts die Prognose
des numerischen Modells für die entsprechende Kombination hydro-
graphischer und meteorologischer Faktoren aufgetragen, links
sind zum Vergleich die tatsächlich gemessenen Wassertemperaturen
wiedergegeben. Es handelt sich um das Kraftwerk Oskarshamn an
der schwedischen Ostseeküste (460 MW), welches 22 m^3 Kühlwasser/
sec um 10°C aufheizt. (Daten von WEIL aus EHLIN, 1974)

Wasseroberfläche und beeinflußt besonders den Gezeitenbereich,
und Pflanzennährstoffe sind reichlich im Abwasser vorhanden. Die
Wirkung braucht auch nicht unmittelbar zu sein, sondern kann
auf Umwegen geschehen: Die Flora mikroskopisch kleiner Algen
mag begünstigt werden, welche sich auf den größeren Algen ansiedelt, oder der Angriff von Parasiten mag erleichtert werden.

Vielfach hat es den Anschein, als ob die lokale Eutrophierung
Hauptursache für das veränderte Artenspektrum ist. Nach dem Ab-
sterben empfindlicher Organismen bleibt ja keine leere Wüste an
den betroffenen Küsten, vielmehr werden robuste Algen begünstigt,
und deren Bestände sind in der Regel reicher an Biomasse und
Produktionskraft als die angestammte Vegetation. Auch das Phytoplankton ist dichter nahe den Abwassereinleitungen, und selbst
Meerestiere profitieren von dem Nahrungsreichtum (Abb. 4), bis
hin zu den Schellenten (*Bucephala clangula*) und den Höckerschwänen
(*Cygnus olor*), welche von Jahr zu Jahr zahlreicher unmittelbar vor
den Abwassereinleitungen im Tay-Ästuar überwintern (POUNDER,
1974).

Die Entwicklung ist ähnlich wie auf dem festen Land, wo sich
unaufhaltsam die natürliche Vegetationsdecke verändert hat und
wir überall dort, wo der Mensch dominiert, eine Ruderalflora an-
treffen. Die Organismenwelt ist hier vom Menschen nicht völlig
vernichtet, sondern umgestaltet worden, so daß Kulturfolger do-
minieren. In kleinen Naturschutzgebieten ist es nicht möglich, die
ursprüngliche Artenvielfalt zu erhalten; nur in großen Reservaten
können natürliche Lebensgemeinschaften überleben.

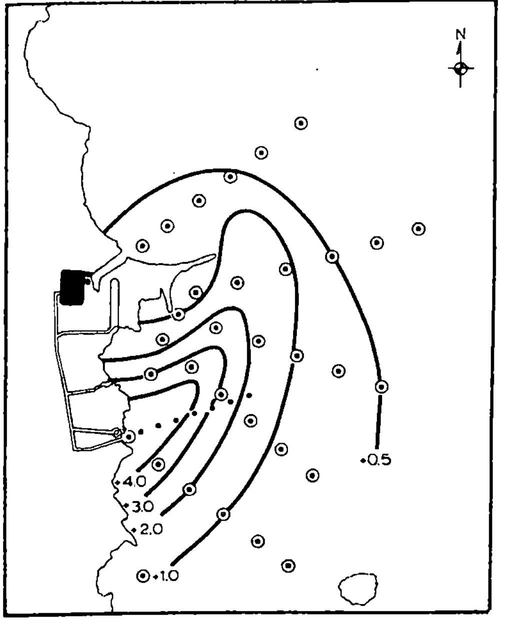

Abb. 19. Wassertemperaturen von 28°C treten in vielen tropischen und subtropischen Flachwassergebieten regelmäßig im Sommer auf. Da aber bereits Temperaturen zwischen 28 und 30°C manche nachteiligen Stoffwechselveränderungen bei tropischen Meerestieren mit sich bringen, und vielfach Temperaturen zwischen 32 und 34°C tödlich wirken, leben tropische Meerestiere sehr dicht an der Temperaturgrenze; bereits ein besonders warmer Sommer kann katastrophal wirken. Die Einleitung heißer Kühlwässer in tropische Küstengebiete ist darum besonders heikel.
Im südlichen Florida wurde 1967 in der Biscayne Bay das Kraftwerk Turkey Point gebaut, mit einer 432-MW-Einheit, die 6 m³ Kühlwasser/sec um etwa 5°C aufheizt. Nahe der Einleitungsstelle verschwanden zunächst die Algen, später auch die Kalkalgen und das Seegras; schließlich bedeckte ein Teppich von Blaualgen weite Flächen, wo die Temperatur um 4 - 5°C höher als normal war. Im Bereich mit einer Temperaturerhöhung von weniger als 3°C verschwanden zwar auch die empfindlichen Algen, aber andere überlebten, und auch die Fauna blieb größtenteils erhalten. Die geschädigten Zonen haben sich seitdem nicht weiter ausgebreitet; offensichtlich hat sich ein Gleichgewicht eingestellt. Dargestellt sind die Linien gleichen mittleren Temperaturanstiegs. (Nach ZIEMANN u. FERGUSON-WOOD, 1975)

Die Küsten aller Kontinente und Inseln zusammen sind etwa 1,5 - 2 Millionen km lang, je nachdem, wie genau man die vielen kleinen Krümmungen der Küstenlinie verfolgt. Schätzt man die mittlere Breite der Küstenregion auf etwa 70 m, dann ergibt sich, daß die Küsten nur ein Tausendstel der festen Erdoberfläche bedecken, ein Zweitausendstel der Meeresoberfläche. Das Tier- und Pflanzenleben ist überall dort an den Küsten bedroht, wo es menschliche Siedlungen gibt. In geschützten Flachwasserzonen wird Aquakultur betrieben, werden Fischteiche angelegt oder Austern auf den Wattenflächen wie in Gärten gemästet. An den Sandstränden breitet sich der Badebetrieb aus. Felsküsten und Korallenriffe werden von Aquanauten besucht: Eine Koralle ist schnell zerbrochen, aber sie hat viele Jahre gebraucht, um groß und ansehlich zu werden. Größere Fische sind im Mittelmeer und in der Karibik für den Taucher ein seltener Anblick geworden überall dort, wo die Harpunenjagd nicht reguliert wurde. Allein die Philippinen exportieren jährlich zwischen 3 und 30 Millionen Korallenfische in die Zierfischhandlungen Europas und der USA. Tief liegende Landstriche wie die nordwesteuropäischen Marschen werden mit Deichen gegen Sturmfluten gesichert: dabei wird das ursprüngliche Vorland zerstört. Wasserbauwerke werden zum Küstenschutz, für die Regulierung der schiffbaren Ströme und als Häfen errichtet.

Das alles sind Einwirkungen, die nicht unmittelbar unter den Begriff "Meeresverschmutzung" fallen, die aber dazu beitragen, daß unsere natürliche Umwelt zusehends ärmer wird. Es ist deshalb an der Zeit, Naturparks auch in den Küstengebieten zu schaffen, um die Naturlandschaft Küste wenigstens in einigen Regionen unseren Nachkommen unversehrt zu überliefern.

Gegenwärtig bemüht man sich in den Niederlanden, in Deutschland und in Dänemark, das Wattenmeer als Naturlandschaft und als Nahrungsquelle für die nordischen Zugvögel zu erhalten. Möglich ist das nur durch eine regionale Gliederung, indem man bestimmte Areale vollständig schützt, in anderen Gebieten versucht, Tourismus, Fischerei und Naturschutz in Einklang zu bringen, und weitere Gebiete dem Seeverkehr oder der Industrialisierung vorbehält. In den Tropen sind Pläne gemacht worden, bestimmte Korallenriffe als Schutzgebiete auszuweisen, und zwar besonders Gebiete in der Nähe von Städten und Touristenplätzen. Das hat durchaus auch ökonomische Gründe, denn die intakte Unterwasserlandschaft eines lebenden fischreichen Riffes ist für den erlebnishungrigen Touristen eine Attraktion. Abgestorbene Korallenriffe sind reizlos, man kann es sich also schon etwas kosten lassen, die Abwässer in der Nähe der Ferienorte an den warmen Stränden zu reinigen, damit nicht robustere Algen stark zunehmen und die Korallen überwuchern, wie das auf Hawai durch die Alge *Dictyosphaeria* geschieht (JOHANNES, 1975).

An den Küsten von Nova Scotia in Kanada haben sich Seeigel (*Strongylocentrotus droebachiensis*) stark vermehrt und teilweise 70 % des Tangbewuchses (*Laminaria*) zerstört. Als Ursache für diese Vermehrung wird die Verringerung des Hummerbestandes (*Homarus americanus*) vermutet, denn Seeigel sind Hummernahrung. Durch die Fischerei ist die Zahl der Hummer in 14 Jahren auf die Hälfte gesunken (BREEN u. MANN, 1976). Auch an den Adriaküsten vermehren sich gegenwärtig die Seeigel (*Paracentrotus lividus*) , aber ob das an vermindertem Wegfraß, an der veränderten Algenvegetation oder direkt an Abwassereinflüssen liegt, ist noch unbekannt (GHIRARDELLI, 1973). Bisher ist es auch noch nicht gelungen, die Massenvermehrung des Seesterns *Acanthaster planci* im Pazifik zu erklären, wo er beträchtliche Teile der Korallenriffe zerstört hat (JOHANNES, 1975). Auch ließ sich bisher nicht auf Auswirkungen der Meeresverschmutzung zurückführen, daß in den

dreißiger Jahren das Seegras (*Zostera marina*) im Bereich des Nordatlantiks dem Angriff des parasitischen Pilzes *Labyrinthula
macrocystis* zum Opfer fiel (RASMUSSEN, 1973).

Auch in unserer naturwissenschaftlich aufgeklärten Zeit wirken
Wunschvorstellungen auf das Denken ein. So wie im Mittelalter
Blutregen, Fischregen und Froschregen und andere absonderliche
Naturereignisse als Vorboten künftigen Unheils gewertet wurden,
so möchte mancher gegenwärtig jedes absonderliche Vorkommen von
Meeresorganismen mit Auswirkungen der Meeresverschmutzung in Verbindung bringen: das Auftreten besonders großer Feuerquallen vor
den niederländischen Badestränden ebenso wie Wasserblüten, die
sich gelegentlich in ruhigen Sommern aus der Kieselalge *Coscino-
discus*, aus Blaualgen und aus dem Einzeller *Noctiluca* entwickeln.
Noch ist es nicht möglich gewesen, einen unmittelbaren Zusammenhang zwischen der Eutrophierung und dem Auftreten giftiger Phyto-
plankter zu belegen, welche in vielen warmen Meeren regelmäßig
als "red tides" auftreten und gelegentlich auch in der Nordsee
beobachtet werden: Es kommt dann beim Menschen zu schweren Vergiftungserscheinungen, welche sich auf den Genuß von Muscheln
zurückführen lassen, in denen sich das Planktongift akkumuliert.

Natürliche Organismenpopulationen sind nicht statisch, sondern
unterliegen Bestandsschwankungen. Nur zum Teil ist der Mensch
als Auslöser verantwortlich, oft scheint es so zu sein, daß nur
die Zufälligkeit besonderer Faktorenkonstellationen für anekdo-
tenhafte Ereignisse sorgt. Diese zu registrieren, ist eine wichtige Aufgabe, denn erst die Beobachtung vieler verschiedener
Faktorenkonstellationen gibt den Schlüssel für das ursächliche
Verständnis.

2.6. Klärschlamm

Um die unmittelbaren Küstengebiete zu schonen und weder den Badebetrieb noch die Aquakultur zu gefährden, hat man an vielen
Küstenorten Rohrleitungen weit in das Meer hinausgebaut und
leitet Abwässer ein. Wenn Kläranlagen vorhanden sind, bleibt
die Frage, was mit dem Schlamm geschehen soll, der sich in den
Klärbecken ablagert. Auch bei vollbiologischen Kläranlagen
bleibt Schlamm in den Faultürmen zurück. Vielen Küstenstädten
erscheint es als die einfachste Lösung, diese Schlämme auf
Schuten zu verladen und vor der Küste zu verklappen.

Dabei handelt es sich oft um riesige Mengen. Seit 40 Jahren werden jährlich bis zu 4 Millionen m^3 Klärschlamm auf 37 m Wassertiefe in der Bucht von New York verklappt. Wegen nur geringer
Wasserströmung reichert sich dort das Sediment mit organischer
Substanz an, und auf einem Gebiet von 35 km^2 Größe ist die Bodenfauna stark verändert. Von Glasgow aus werden jährlich etwa
1 Million m^3 Klärschlamm in den Clyde gebracht und dort auf 80 m
Wassertiefe verklappt. Davon werden etwa 10 km^2 Meeresboden betroffen, welche jetzt als Lebensraum für den Kaisergranat *Nephrops
norvegicus* ungeeignet geworden sind. Man kann ausrechnen, daß der
Fischerei dadurch ein Jahresertrag von 75.000 Pfund verlorengeht.
Andererseits sind die übrigen Auswirkungen auf die Fischbestände
geringfügig, und auch die Auswirkungen auf das Phytoplankton

sind etwa so, wie man sie sonst aus küstennahen Gebieten kennt:
Die Planktonproduktion ist größer als sonst in dem betreffenden
Meeresgebiet, und Phosphat ist so reichlich vorhanden, daß es
auch im Sommer nicht von den Planktonalgen aufgebraucht wird
(McINTYRE u. JOHNSTON, 1975).

Wo kräftige Gezeitenströmungen herrschen, kommt es nicht zu so
umfangreichen Veränderungen am Meeresboden. Das gilt für den
Londoner Klärschlamm, von dem 5 Millionen m^3 jährlich in der
Themse-Mündung verklappt werden, und für den Klärschlamm von
Manchester (1 Million m^3 in die Liverpool Bay). Von der Stadt
Hamburg wird seit 1971 regelmäßig ausgefaulter Klärschlamm in
ein Gebiet nördlich von Feuerschiff Elbe 1 verklappt. Zunächst
ergab das eine kräftige Steigerung der organischen Substanz im
Sediment und dichte Siedlungen der Muschel *Abra alba* und des
Polychaeten *Pectinaria* (CASPERS, 1975), doch im Sommer 1975 starb
ein großer Teil der Bodenfauna aus. Noch ist nicht sicher, ob
daran in erster Linie der Klärschlamm schuld ist oder ob sich
nicht während des besonders ruhigen Sommers in weiten Arealen
der Helgoländer Bucht Sauerstoffmangel ausbreitete.

Klärschlamm ist ein Gemisch sehr verschieden wirksamer Substanzen,
mit Tonteilchen, mit organischen Resten und mit Spurenstoffen
der verschiedensten Art. Wo Klärschlamm verklappt wird, findet
man oft 10 - 100mal höhere Konzentrationen an Kupfer, Chrom,
Blei, Zink und Nickel im Bodensediment (Abb. 28), und es wird
geschätzt, daß jeweils etwa 1 t PCBs (polychlorierte Biphenyle)
mit den Klärschlämmen von London, Manchester und Glasgow in das
Meer gelangen (HOLDEN, 1970). Das kann bedenklich sein, wenn
Fische und andere Meerestiere aus den Verklappungsgebieten auf
den Markt kommen, weil sich in ihnen die Schadstoffe akkumulieren
(s. Kapitel 6.3).

3. Industrielle Abwässer

3.1. Abfallsäure und Eisensulfat der Titanpigment-Industrie und das Problem der Indikatorgemeinschaften

Der Anstoß zu einer gründlichen wissenschaftlichen Beschäftigung mit dem Problem der Meeresverschmutzung im deutschen Küstenbereich gab 1966 der Plan zur Ansiedlung eines Werkes der Kronos Titan GmbH auf dem Blexer Groden bei Nordenham an der Unterweser. Für die Herstellung des als Farbpigment geschätzten Titandioxids sollte Titanerz mit Schwefelsäure aufgeschlossen werden. Als Abfallprodukt entsteht bei diesem Verfahren Eisensulfat (Grünsalz) und etwa 18 %ige Schwefelsäure (Dünnsäure, Tabelle 8). Da sich eine Weiterverwendung dieser Abfälle nicht rentiert, wollte die Firma sie mit Tankschiffen in die Nordsee fahren und dort in das Schraubenwasser abgeben, ähnlich wie es seit mehreren Jahren in der Bucht von New York und vor der holländischen Küste gemacht wird.

Da damals die Souveränität der Bundesrepublik Deutschland (bzw. des Landes Niedersachsen) mit der Dreimeilengrenze endete, hätte man rechtlich kaum etwas dagegen unternehmen können, daß eine Fabrik sich ihrer Abwässer auf hoher See, also in internationalen Gewässern entledigt. Da aber bereits 1966 abzusehen war, daß die

Tabelle 8. Chemische Reaktionen bei (I) der Gewinnung von Titanpigment (TiO_2) aus Ilmenit ($FeTiO_3$) durch Schwefelsäureaufschluß, bei (II) der Vermischung von Eisen(II)sulfat mit Seewasser und bei (III) der Vermischung von Schwefelsäure mit Seewasser. Die Alkalinität des Seewassers ist durch $Ca(HCO_3)_2$ ausgedrückt

(I) $\quad FeTiO_3 + 2\ H_2SO_4 \longrightarrow TiOSO_4 + \boxed{FeSO_4} + 2\ H_2O$

$\quad\quad TiOSO_4 + 2\ H_2O \longrightarrow TiO(OH)_2 + \boxed{H_2SO_4}$

$\quad\quad TiO(OH)_2 \longrightarrow TiO_2 + H_2O$

(II) $\quad FeSO_4 + 2\ H_2O \longrightarrow Fe(OH)_2 + \boxed{H_2SO_4}$

$\quad\quad 4\ Fe(OH)_2 + O_2 \longrightarrow \boxed{2\ Fe_2O_3\ aq.} + 4\ H_2O$

(III) $\quad H_2SO_4 + Ca(HCO_3)_2 \longrightarrow \boxed{CaSO_4} + 2\ H_2CO_3$

$\quad\quad H_2CO_3 \longrightarrow H_2O + \boxed{CO_2}$

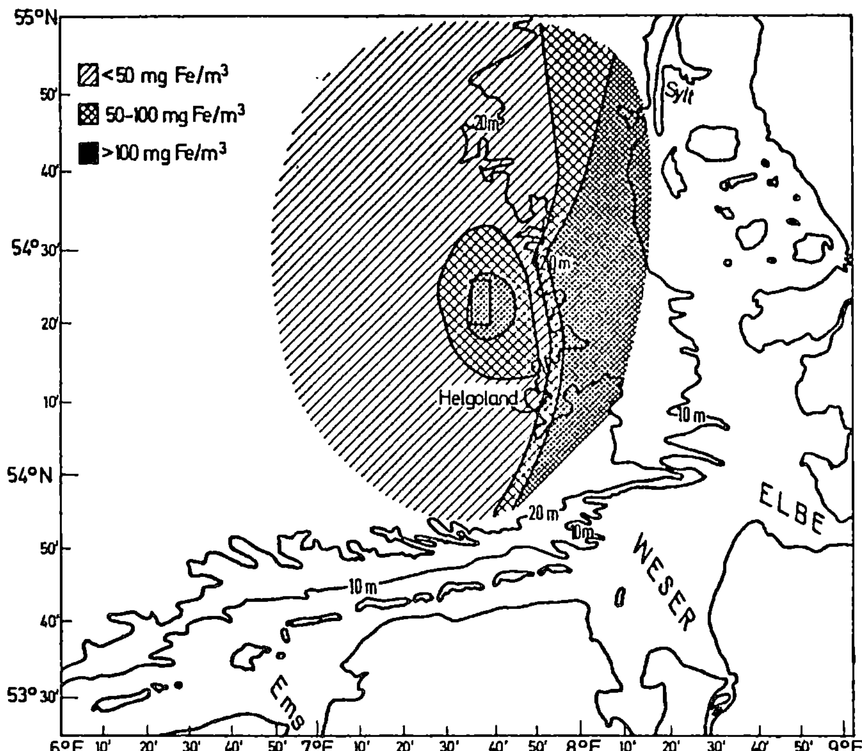

Abb. 20. 11 Seemeilen nordwestlich von Helgoland werden seit
1969 täglich etwa 1.800 t Schwefelsäure und Eisensulfat mit dem
Meerwasser vermischt. Nach 16 Monaten (September 1970) konnte
im Seewasser deutlich eine Erhöhung der Eisenkonzentration gemessen werden. Allerdings liegen die Werte nur etwa in derselben
Größenordnung, wie sie auch für die küstennahen Regionen und für
das Mündungsgebiet von Elbe und Weser charakteristisch sind. (Aus
WEICHART, 1972)

Freiheit der Meere zugunsten des Allgemeinwohls in Zukunft be-
schränkt werden müßte, wurden Behörden und Forschungsinstitute
herangezogen und sollten sagen, ob eine derartige Einleitung
Schäden verursachen könnte. Die Frage war neu für die Meeresforschung in Deutschland, die Antwort fiel etwas vage aus: Mit
Sicherheit konnte man weder Schäden prophezeien noch Unschäd-
lichkeit garantieren; als Verklappungsgebiet wurde ein Areal
von 12,5 Quadratseemeilen Größe etwa 11 Seemeilen nordwestlich
von Helgoland ausgewiesen (Abb. 20).

Seit Mai 1969 werden täglich im Mittel 1.800 t Abwässer der
Titanindustrie in das Verklappungsgebiet gebracht; sie enthalten
14 % Eisen(II)sulfat, 8 - 9 % Schwefelsäure und etwa 3 % mineralische Verunreinigungen. Bereits vor Beginn der Abwassereinleitung war das Gebiet auf die Bodentierwelt hin untersucht worden
(STRIPP u. GERLACH, 1969). Es handelt sich um sandigen Grund in
etwa 28 m Wassertiefe. Pro m² lebten 1967/68 im Mittel 375 Exemplare der sogenannten Makrofauna, also der Bodentiere, die man

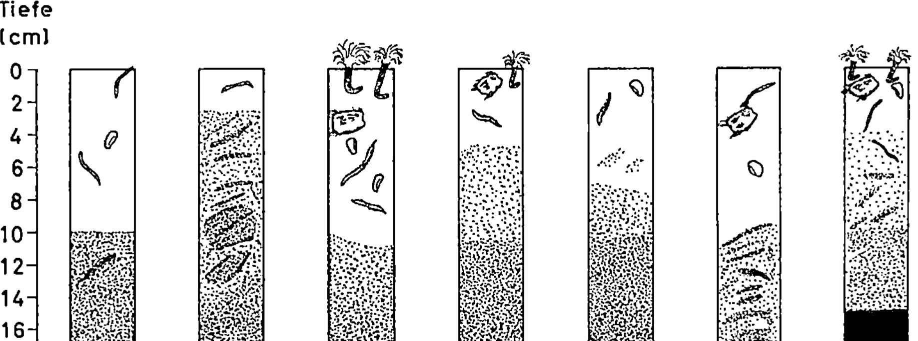

Abb. 21. Im Februar 1967 erodierte ein Orkan das Sediment in 28 m
Wassertiefe in der Helgoländer Bucht. Im September 1967 wurde in
dem Gebiet, welches 1969 für die Einleitung der Titanabwässer
freigegeben wurde, eine 3 - 10 cm mächtige Schicht frisch sedi-
mentierten Sandes (weiß) beobachtet, welche älteres graues Sediment (punktiert) überdeckte. Die Abbildung zeigt schematisch die
Lage einiger größerer Vertreter der Makrofauna in Kastengreifer-
Kernen. (Aus HICKEL, 1969)

beim Waschen des Bodenmaterials mit einem Sieb auffangen kann,
dessen Maschen 1 mm weit sind. Das Feuchtgewicht der Tiere pro
m^2 betrug 16 g, das ist relativ wenig. Gerade wegen der ohnehin
mäßigen Besiedlung war das Gebiet als Verklappungsgebiet ausge-
wählt worden.

Nach 5 Jahren Abwassereinfluß haben sich bei der Bodenfauna keine
Veränderungen ergeben, welche sich auf eine schädigende Abwasser-
wirkung zurückführen ließen (RACHOR u. GERLACH, 1976), und auch
die Fischfauna des betreffenden Gebietes hat sich nicht verändert:
17 Fischarten kommen vor (DETHLEVSEN, 1973). Dieses Ergebnis
überrascht nicht, denn auch in der Bucht von New York haben sich
keine wesentlichen Änderungen von Plankton und Bodenfauna gezeigt,
obwohl dort seit 1948 inzwischen über 50 Millionen Tonnen Abfallsäure verklappt worden sind (VACCARO et al., 1972).

Allerdings darf man nicht erwarten, daß die Bodenfauna eines 28 m
tiefen Nordseegebietes über Jahrzehnte hinweg unverändert bleibt.
Im Laufe der Jahreszeiten verändert sich das Artenspektrum entsprechend den Vermehrungsrhythmen der einzelnen Arten. Länger-
fristig ergeben sich Bestandsschwankungen daraus, daß nicht jedes
Jahr jede Population sich erfolgreich fortpflanzt. Im Winter
1962/63, also 5 Jahre vor Beginn der Bodenuntersuchungen im Verklappungsgebiet, hatten sehr niedrige Wassertemperaturen verhee-
rend auf die Bodentiere eingewirkt; insbesondere manche Muschelarten waren praktisch in weiten Bereichen der Helgoländer Bucht
verschwunden. So wurden ökologische Nischen frei, welche zunächst
teilweise von verschiedenen Würmern (u.a. *Echiurus*) genutzt wurden,
bis sich allmählich die Muschelarten das Gebiet zurückerobern
konnten. Im Februar 1967, also unmittelbar vor Beginn der Boden-
faunauntersuchung, wühlte ein Orkan die Helgoländer Bucht so
stark auf, daß der Meeresboden erodiert wurde: Eine etwa 10 cm
dicke Sedimentschicht hatte sich abgesetzt (HICKEL, 1969), nachdem das Wetter wieder ruhiger geworden war (Abb. 21). Es läßt
sich berechnen, daß die Wellenenergie bei Wellen von 100 m Länge

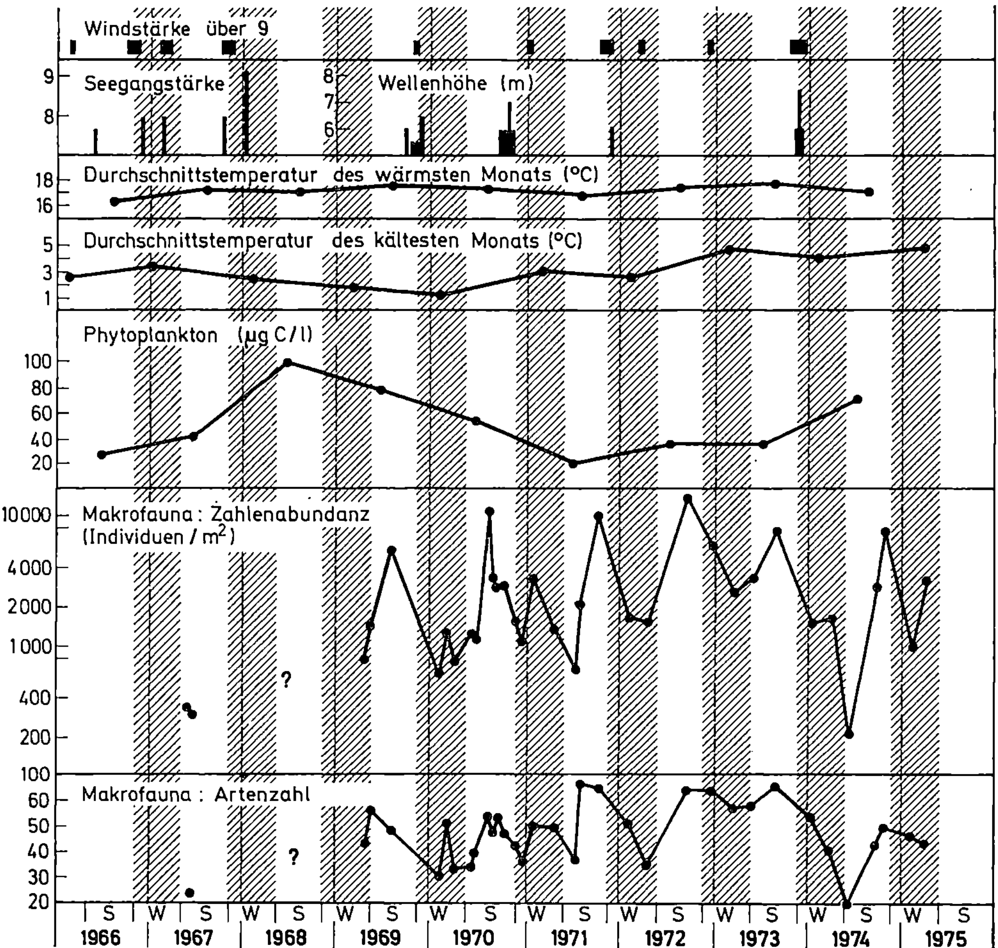

Abb. 22. Offensichtlich haben täglich etwa 1.800 t Abwässer die Makrofauna im Gebiet nordwestlich von Helgoland nicht geschädigt. Die Graphik zeigt die Verhältnisse an einer Station im Zentrum des Verklappungsgebietes von 1967 - 1975 und gibt die Zahl der Arten und der Individuen wieder, welche in den Proben gefunden wurden. Deutlich sind die starken Schwankungen zwischen Sommer- und Winter-Proben. Deutlich ist auch ein Anstieg zwischen 1969 und 1973, der vermutlich mit der geringen Sturmaktivität zusammenhängt, welche die Sedimentation von Trübstoffen und die Ansiedlung empfindlicher Organismen begünstigte. Im Winter 1973/74 haben starke Stürme die Helgoländer Bucht betroffen und den Meeresboden auch in 25 - 30 m Wassertiefe erodiert. Aber auch andere Faktoren mögen eine Rolle spielen: der Anstieg der Winter-temperaturen, die Schwankungen im Phytoplankton-Bestand (Abb. 9) und die Schwankungen im Bestand der Plattfische, welche als Räuber die Bodenfauna dezimieren. (Nach RACHOR u. GERLACH, 1976)

und 6 m Höhe ausreicht, um in 20 m Tiefe noch einen Orbitalstrom
von 2 m/sec zu erzeugen, genug, um das Sediment aufzuwühlen
(GIENAPP, 1973). Seit 1967 haben insbesondere kleine, leicht ver-
letzliche Würmer im Verklappungsgebiet zugenommen: Diese Zunahme
mit der Wirkung der verklappten Säure in Verbindung zu bringen,
wäre jedoch falsch; vermutlich wird der nächste Orkan diese Fauna
wieder zerstören und nur robuste, schwere Tiere zurücklassen und
solche, welche sich in tiefere Sandschichten zurückziehen können
(Abb. 22).

Die Bodenerosion während starker Stürme sorgt aber vielleicht
auch dafür, daß besonders viele Mineralstoffe in das Meerwasser
gelangen und dort ein üppigeres Algenwachstum als sonst bewirken.
Das könnte sich günstig auf die Bodentiere auswirken, welche
ihre Nahrung als Suspensionsfresser aus dem Meerwasser fangen.
Auch der Zufall kann eine große Rolle für die Bodentiergemeinschaften spielen. Die meisten Borstenwürmer (Polychaeta), Stachel-
häuter und Muscheln produzieren pelagische Larven als Verbreitungs-
stadien. Die Larven können sich nicht unmittelbar am Boden niederlassen, sondern müssen erst einige Tage oder Wochen im Wasser
treiben, bevor sie zur Metamorphose bereit sind. Die Gezeitenströmungen in der Helgoländer Bucht transportieren Larven oder
Bodentiere während ihrer pelagischen Lebensphase über viele Kilo-
meter und sorgen mit Sicherheit dafür, daß sie sich nicht dort
ansiedeln können, wo die Eltern lebten. Eine Gemeinschaft von
Bodentieren ist deshalb darauf angewiesen, daß Larven von außerhalb bereit zur Metamorphose sind, wenn sie über das Gebiet treiben. Bei sehr häufigen Arten mit weiter Verbreitung kann man davon ausgehen, daß ihre Larven zur entsprechenden Jahreszeit überall im Plankton vorhanden sind und sich überall niederlassen
können, wo sich ihnen Lebensmöglichkeiten bieten. Bei flecken-
haft verteilten Arten aber werden auch die Larven schwarmweise
vom Wasser transportiert, und es bleibt dem Zufall überlassen,
ob ein solcher Schwarm sich in einem bestimmten Gebiet nieder-
läßt. Unmittelbar daneben kann eventuell die betreffende Art
fehlen, obwohl die Lebensbedingungen geeignet wären. Der Meeres-
biologe rätselt vergebens, was die Ursachen für die verschiedene
Tierbesiedlung sein mögen, die er später in seinen Proben an-
trifft.

Diese komplizierten Wechselbeziehungen muß man kennen, wenn man
vor der Aufgabe steht, mögliche Schadstoffwirkungen aus Veränderungen der Organismenbestände zu diagnostizieren. Bei sehr starken
Schädigungen ist das einfach (Abb. 4), aber bei subletalen Wirkungen können nur langfristig angelegte Untersuchungen zu sig-
nifikanten Aussagen führen. Vorläufig kann man leider nur feststellen, daß Bodentiergemeinschaften als Indikatoren für Abwassereinfluß nur begrenzten Wert haben.

Wenn es stimmt, daß täglich 1.800 t Abfallsäure keinen Einfluß
auf die Organismen eines Meeresgebietes haben, dann ist das von
großer Bedeutung, denn dieser Befund steht im Widerspruch zu den
Ergebnissen im Labor. Experimente, bei denen Abfallsäure auf verschiedene Meeresorganismen einwirkte, hatten für das Titanin-
dustrieabwasser schädigende Wirkungen auch noch bei Verdünnungen
von 1 : 50.000 ergeben. Offensichtlich treten solche Konzentrationen aber nur direkt in der Umgebung des Schraubenwassers auf:

Durch den Schiffspropeller wird sofort eine Verdünnung des Abwassers auf 1 : 1.000 bewirkt, durch Vermischung wird diese in
2 Std auf 1 : 20.000 gebracht. Bis zum Meeresboden in 28 m Tiefe
dringt die Wirkung des Abwassers nicht durch; ein dort aufge-
stellter pH-Schreiber zeigte keinen Ausschlag, auch wenn das
Verklappungsschiff direkt über ihn hinwegfuhr.

Wenn die Abfallsäure in das Meerwasser gelangt, wird ein Teil
der natürlichen Alkalinität des Meerwassers zur Neutralisation
beansprucht und die Menge der Sulfationen im Meerwasser erhöht.
Über den Einfluß verringerter Alkalinität oder erhöhten Sulfat-
gehaltes auf Meerestiere weiß man gegenwärtig nur sehr wenig.
Eisensulfat reagiert, was das Sulfat anbelangt, wie Schwefelsäure. Das zweiwertige Eisen wird unter Sauerstoffaufnahme zu
dreiwertigem Eisen oxidiert und bildet Rostflocken aus Eisen-
hydroxid (Tabelle 8). Sauerstoff steht im Seewasser bei Helgoland
hinreichend zur Verfügung, so daß kein Schaden durch Sauerstoff-
verknappung zu erwarten ist. Jedoch hat sich die Eisenkonzentration im Seewasser meßbar erhöht: 1971 wurden Werte analysiert,
die etwa denen entsprechen, wie man sie naturgegeben unmittelbar
an den Küsten und im Mündungsgebiet der Flüsse findet (Abb. 20).
Es bleibt abzuwarten, ob eine weitere Erhöhung eintritt oder ob
bereits ein Gleichgewichtszustand erreicht ist.

Nach dem gegenwärtigen Stand der Kenntnis haben täglich 1.800 t
Abwässer der Titanpigmentindustrie keinen erkennbaren Einfluß
auf die Organismen in der Helgoländer Bucht, in der Bucht von
New York und an anderen Stellen im Nordatlantik. Deshalb wird
auch die Einleitung von Abfallsäure von den Konventionen zur Verhütung der Meeresverschmutzung im Bereich des Nordatlantiks (s.
Kapitel 11) nicht grundsätzlich verboten. Umstritten ist gegenwärtig aber noch ein Richtlinienentwurf, der 1975 von der Europäischen Gemeinschaft "über die Abfälle aus der Titandioxid-
Produktion" erarbeitet wurde. Zwar ist nicht einzusehen, daß im
Mittelmeer Eisensulfat und Schwefelsäure anders wirken als in
der Nordsee und im Atlantik, aber die Interessenlage kann verschieden sein. Im Mittelmeergebiet hat es massive Proteste der
korsischen und italienischen Fischer gegen die Einleitung von
Titanabwässern gegeben.

3.2. Quecksilberhaltige Abwässer

Minamata ist eine Kleinstadt von 50.000 Einwohnern an der Shiranui-
See, einem Teil des japanischen Binnenmeeres (Abb. 23). Viele Einwohner gehen der Fischerei nach, sonst ist die Stadt ökonomisch
abhängig von der Shin-Nihon-Chisso-Hiryo-Fabrik, welche neben anderen Produkten seit 1952 in großem Umfang Vinylchlorid und Acetaldehyd herstellte. 1953 traten bei der Bevölkerung und bei Katzen
von Minamata erstmals Krankheitsbilder auf, die rätselhaft waren.
1956 nahm die Krankheit dann einen epidemiehaften Verlauf; man
vermutete eine ansteckende Hirnhautentzündung und isolierte die
Patienten. Eine Untersuchungskommission wurde gegründet. Es zeigte
sich, daß alle Patienten ähnliche Symptome hatten; sie verspürten
Taubheit in Lippen und Gliedern, nach 2 Wochen machten sich Stö-
rungen des Tastsinnes, der Sprache, des Gehörs bemerkbar, ihr
Gang wurde ungleichmäßig, sie liefen wie betrunken, unfähig,
plötzlich anzuhalten oder sich umzudrehen. Am auffälligsten war

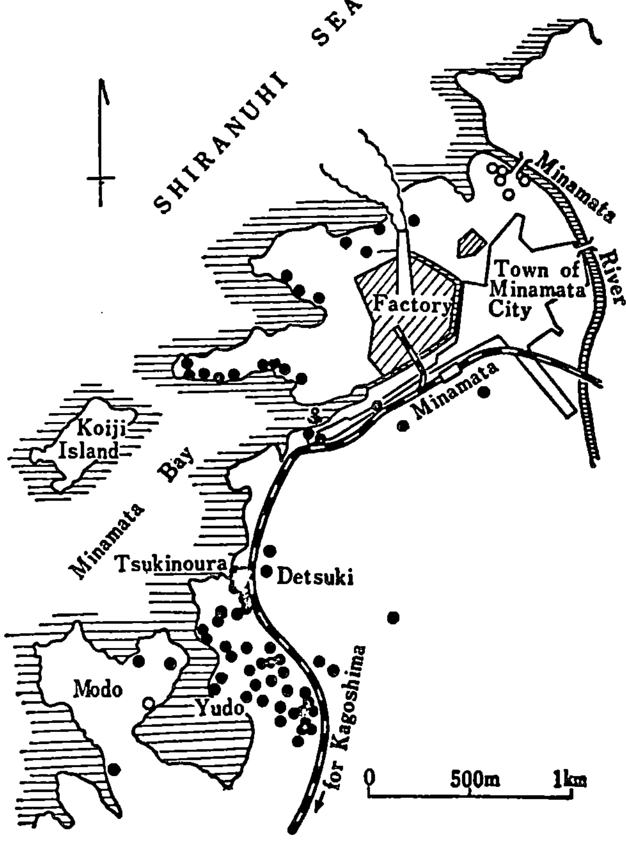

Abb. 23. Zwischen 1956 und 1958 starben 46 Personen an Quecksilbervergiftung, weil sie Fisch aus der Minamata-Bucht gegessen hatten. Die Chisso-Fabrik hatte seit 1952 in großen Mengen quecksilberhaltige Abwässer in die Bucht von Minamata geleitet. Mit schwarzen Punkten ist der Wohnsitz der Patienten 1953 - 1958 in die Karte von Minamata eingezeichnet. 1959 traten erneut 10 Fälle von Quecksilbervergiftung nördlich von Minamata auf (Kreise), nachdem die Fabrikabwässer in den Minamata-Fluß eingeleitet wurden und einige Fischer entgegen dem Verbot dort gefangen hatten. (Aus TOKUOMI, 1969)

aber bei allen Patienten eine konzentrische Verengung des Gesichtsfeldes. Von 116 offiziell registrierten Patienten starben 46, nur wenige wurden geheilt, die meisten behielten bleibende Schäden.

Nach den Symptomen vermutete Professor Shimanosuke Katsuku von der Kumamoto Universität eine Schwermetallvergiftung. Man stellte fest, daß alle Patienten viel Fisch gegessen hatten, man beobachtete, daß auch Katzen die Symptome der Minamata-Krankheit aufwiesen, und als man bei gesunden Katzen durch Verfütterung von Fisch aus der Minamata-Bucht die Symptome künstlich erzeugen konnte, war klar, daß es sich nicht um eine ansteckende Krankheit, sondern um eine Nahrungsmittelvergiftung handeln mußte. Die Fischerei wurde in dem Gebiet der Minamata-Bucht Anfang 1957 verboten; in diesem Jahr erkrankten keine weiteren Menschen, 1958 nur drei.

Die Suche nach dem Gift dauerte 3 Jahre. 60 verschiedene Stoffe mit toxischen Eigenschaften, darunter zahlreiche Schwermetalle waren im Abwasser enthalten, doch ließen sie sich zunächst nicht mit der Minamata-Krankheit in Verbindung bringen. Die Fabrik selbst behinderte die Untersuchungsarbeiten und versuchte er-

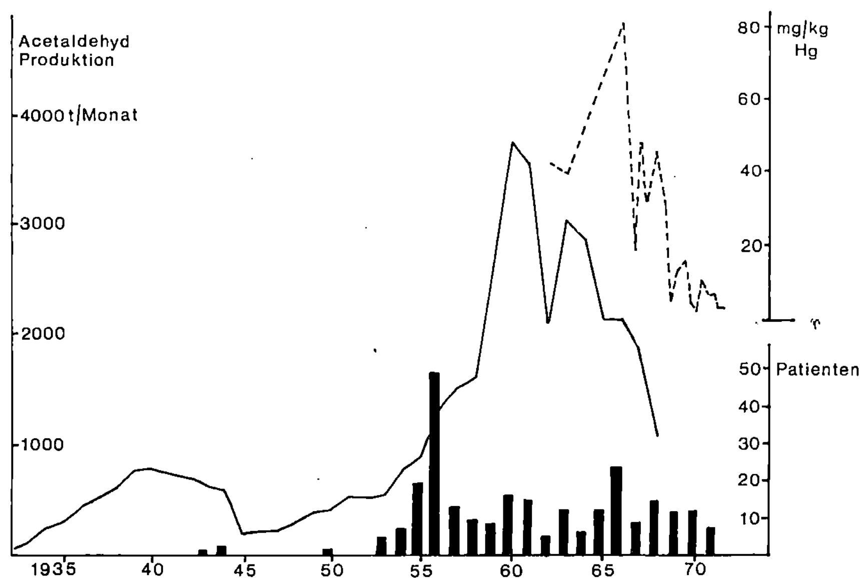

Abb. 24. Geschichte der Minamata-Krankheit. Zwischen 1952 und 1960 fand eine starke Steigerung der Acetaldehyd-Produktion statt (ausgezogene Linie; 1962 Produktionsrückgang durch Arbeitskämpfe, 1968 Produktionsstopp). Mit schwarzen Balken ist die Zahl der an Quecksilbervergiftung leidenden Patienten angegeben (jeweils das Jahr des erstmaligen Bekanntwerdens). Erst nachdem 1966 eine Abwasserreinigung erfolgte, erniedrigten sich die Quecksilberkonzentrationen (gestrichelte Linie, in mg/kg Trockengewicht) in *Venus*-Muscheln, welche nahe der Koiji-Insel gesammelt worden waren; erst nach Produktionsstopp wurden niedrige Werte erreicht. (Nach HARADA u. SMITH, 1975)

folgreich, beigebrachte Befunde unglaubwürdig zu machen. Erst 1959 gelang der Nachweis, daß Quecksilber in organischer Verbindung verantwortlich ist. 1960 wurde Methylquecksilber im Abwasser der Minamata-Fabrik nachgewiesen, doch gelang es der japanischen Chemie-Lobby zu verhindern, daß diese Befunde offiziell anerkannt wurden. Man kann vermuten, daß insgesamt 200 – 600 t Quecksilber von der Chisso-Fabrik in die Minamata-Bucht eingeleitet wurden, und erst 1968 wurde das gestoppt (HARADA u. SMITH, 1975).

1965 trat die gleiche Krankheit an der Mündung des Agano-Flusses im Bezirk Niigata auf. 30 Personen erkrankten, 5 davon starben mit den Symptomen der Minamata-Krankheit. Quecksilberhaltige Abwässer der Kanose-Fabrik von Showa Denko 60 km flußaufwärts hatten die Quecksilberkonzentrationen in Speisefischen ansteigen lassen. Als 1968 die japanische Regierung noch immer nicht zu einer eindeutigen Stellungnahme gekommen war, gab es zum erstenmal in der Geschichte Japans Gerichtsklagen wegen Umweltverschmutzung gegen die chemischen Werke. In den folgenden Jahren spielten Bürgerinitiativen und die Aktionen von Protestgruppen eine große Rolle (SMITH u. SMITH, 1975), bis am 20. März 1973 das Urteil des Gerichts von Kumamoto den Opfern von Minamata

Tabelle 9. Quecksilberkonzentrationen in Proben von Minamata
und aus benachbarten Vergleichsgebieten ohne Quecksilberbelastung.
(Nach TOKUOMI, 1969)

Material	mg Hg/kg Trockengewicht	
	Minamata-Bucht	Vergleichsgebiet
Muscheln vom Strand	11 - 39	1,70 - 6,00
Fische	10 - 55	0,01 - 1,70
Katzen (aus Minamata mit Quecksilbervergiftung)		
Leber	40 - 145	0,64 - 6,60
Niere	12 - 36	0,05 - 0,82
Gehirn	8 - 18	0,05 - 0,13
Menschen (aus Minamata mit Quecksilbervergiftung)		
Leber	22 - 70	0,07 - 0,84
Niere	22 - 144	0,25 - 10,70
Gehirn	2 - 25	0,05 - 1,50
Haare	281 - 705	0,14 - 7,50

Entschädigung zusprach. Bis zum Januar 1975 waren 798 Patienten
als Opfer der Minamata-Krankheit anerkannt worden, und die Chisso-
Fabrik hatte 80 Millionen Dollar an Entschädigungen bezahlt. Weitere 2.800 Opfer der Minamata-Krankheit aber warten noch auf ihre
Anerkennung (Abb. 24).

In der Minamata-Fabrik wurde Quecksilberchlorid als Katalysator
bei der Herstellung von Vinylchlorid benutzt; bei dem Waschprozeß
geht ein geringer Teil des Quecksilbers mit dem Abwasser verloren.
Stärker waren die Verluste bei der Herstellung von Acetaldehyd
aus Acetylen, wobei Quecksilbersulfat als Katalysator dient, und
zwar im Organokomplex mit Acetylen verbunden. Pro Tonne fabri-
ziertes Acetaldehyd gelangen bei diesem Prozeß 300 - 1.000 g
Quecksilber in das Abwasser, davon 15 - 50 g als Methylquecksilber,
also in der besonders giftigen Organoverbindung (UI, 1969;
TOKUOMI, 1969).

In der Minamata-Bucht wurden im Schlick unmittelbar neben der
Einleitungsstelle der quecksilberhaltigen Abwässer etwa 2 g· Queck-
silber/kg Sediment gefunden, weiter entfernt 12 mg/kg, in unbelasteten Gebieten dagegen nur 0,4 - 3,1 mg/kg (TOKUOMI, 1969).
Über die Quecksilberkonzentration in Organismen aus der Minamata-
Bucht und in betroffenen Katzen und Menschen gibt Tabelle 9 Aufschluß. Zu berücksichtigen ist dabei, daß die Werte dieser Tabelle sich auf die Konzentration pro Trockengewicht beziehen,
während die in den USA und in Europa analysierten Werte in der
Regel auf das Feuchtgewicht bezogen werden. Setzt man einen Was-
sergehalt von 80 % voraus, dann sind die auf Trockengewicht be-

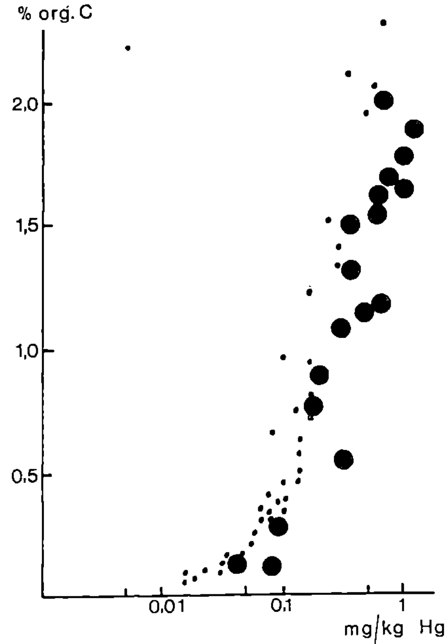

Abb. 25. Wo Quecksilber mit Abwässern in das Meer gelangt, wird es in den Sedimenten akkumuliert, und zwar umso stärker, je höher der Gehalt an organischer Substanz im Sediment ist. Das Diagramm zeigt die Verhältnisse in der Bucht von Swansea (Großbritannien), wo Quecksilber in den Abwässern einer Chlor-Alkali-Fabrik enthalten ist. Unterschieden wird zwischen Stationen im Umkreis von 2 km um die Einleitungsstelle (große Punkte), wo die Konzentrationen höher als weiter enfernt (kleine Punkte) sind. Angaben beziehen sich auf Trockensediment. (Nach CLIFTON u. VIVIAN, 1975)

zogenen Konzentrationsangaben mit 20 % anzusetzen, um vergleichbar mit denen zu sein, die sich auf Feuchtgewicht beziehen.

Auch in anderen Ländern haben Industrieabwässer zu beträchtlichen Quecksilberkonzentrationen in Speisefischen geführt, allerdings meist ohne fatale Folgen für die Bevölkerung. Bei Ravenna liegt eine chemische Fabrik an der Adria, die Acetaldehyd nach dem gleichen Verfahren wie in Minamata herstellte. Fische in der Nähe der Abwassereinleitung hatten zwar eine Quecksilberkonzentration von 1 - 2 mg/kg, aber sie wurden nicht gegessen, da ihr Geschmack sie wegen ölhaltiger weiterer Abwässer ungenießbar machte. Papier- und Zellstofffabriken pflegten ihre Fabrikate mit Phenylquecksilberacetat oder anderen Organoquecksilberverbindungen gegen Pilzbefall zu schützen. Abwässer solcher Fabriken enthielten Quecksilber, doch ist die Anwendung quecksilberhaltiger Fungizide inzwischen weitgehend verboten worden. Im Kragerö-Fjord in Norwegen hatten Dorsche wegen der Abwässer einer Papierfabrik im Mittel 0,9 mg Quecksilber (auf Feuchtgewicht bezogen; UNDERDAL, 1971).

In den Betrieben der Chlor-Alkali-Elektrolyse, in denen Chlorgas und Natronlauge hergestellt werden, kommen Quecksilberelektroden in großem Umfang zur Verwendung. Schweden hat eine Chlorproduktion von 220.000 t jährlich und es wurden 150 - 200 g Quecksilber/Tonne Chlor in das Abwasser verloren; das sind jährlich etwa 25 - 35 t Quecksilber. Die Chlor-Alkali-Industrie Kanadas mußte jährlich etwa 1.000 t Quecksilber ersetzen (TRITES, 1972). 26 % des USA-Quecksilberverbrauchs entfiel auf die Chlor-Alkali-Industrie (s. S. 92). In Schweden mußten 40 Gebiete für den Fischfang gesperrt werden, darunter auch einige Küstengebiete. Auch in 17 US-

Staaten, in Kanada, Finnland und Norwegen wurde der Fischfang
in bestimmten Gewässern verboten. Vermutlich wird es lange dau-
ern, bis in diesen Flachwassergebieten das Quecksilber aus dem
biologischen Kreislauf entfernt ist (Abb. 25). Inzwischen sind
neue Verfahren für die Chlor-Alkali-Elektrolyse entwickelt worden,
und der Quecksilberverlust konnte auf 10 g Quecksilber/Tonne
Chlor begrenzt werden (KECKES u. MIETTINEN, 1972).

3.3. Abwässer von Pestizid-Fabriken

An der jütländischen Küste nördlich vom Lim-Fjord erhöhte 1961
eine chemische Fabrik die Produktion des Schädlingsbekämpfungs-
mittels Parathion (E 605). Die Abwässer dieser Fabrik gelangten
durch eine Rohrleitung in die Nordsee. 1964 wurden Fischsterben
in der Nähe der Ausleitung bekannt, auch Hummer starben entlang
der Küste bis in 60 km Entfernung. Untersuchungen ergaben, daß
die Fabrikabwässer noch in einer Verdünnung von 1 : 50.000 für
Hummer (*Homarus gammarus*) tödlich sind; sie wirken stärker giftig
als das Pflanzenschutzmittel Parathion selbst. Die Fabrik wurde
veranlaßt, die Abwässer so zu reinigen, daß Guppies (*Lebistes
reticulatus*) in der Verdünnung 1 : 50 überleben (BOETIUS, 1968).

1965 gingen die Brandseeschwalben (*Sterna sandvicensis*) auf der
Insel Griend vor der holländischen Küste stark zurück: Von über
20.000 Brutpaaren blieben nur etwa 1.000 am Leben, sterbende
Vögel zeigten deutliche Vergiftungserscheinungen. Die Fische,
nach denen die Brandseeschwalben jagten, waren vergiftet durch
Abwässer einer chemischen Fabrik bei Rotterdam, welche Telodrin,
Dieldrin und Endrin herstellt. Inzwischen wurden Vorkehrungen
getroffen, daß derartige Abwässer die Fabrik nicht mehr verlassen
(KOEMAN et al., 1968).

Bereits 1967 war bekannt, daß manche Organismen aus der Gegend
von Los Angeles hohe DDT-Konzentrationen aufweisen. 1970 zeigte
dann eine gründliche Untersuchung, daß Fischleber von Fischen
aus Nieder-Kalifornien weniger al 1,2 mg/kg DDT im Mittel aufwies,
während 8 Proben aus der Santa Monica Bay 370 mg/kg hatten[1].
Weiter nördlich waren die Werte wieder unter 1 mg/kg. Im Juni
1970 mußten Thunfischkonserven verboten werden, weil 13 mg/kg
DDT darin gefunden wurden: Die Fische stammten aus der Region
von Los Angeles (MACGREGOR, 1974).

1969 entstand der Verdacht, daß etwas mit den Pelikanen (*Pelecanus
occidentalis*) nicht in Ordnung sei, welche auf Anacapa Island 35
Seemeilen westlich der Santa Monica Bay brüten (Tabelle 10). Es
wurden etwa 550 Altvögel, aber kaum Jungvögel gefunden. In vielen
Nestern lagen zerbrochene Eier, und es zeigte sich, daß ihre
Schale deutlich dünner als gewöhnlich war. In den Eiern wurde
ein DDT-Gehalt von 79 mg/kg gefunden, oder von 907 mg/kg bezogen
auf den Fettgehalt der Eier. In den Pelikan-Kolonien weiter süd-

---

[1] Konzentrationsangaben beziehen sich auf Feuchtgewicht und
schließen Stoffwechselprodukte des DDT mit ein, z.B. DDE und
DDD.

Tabelle 10. 1970 wurde die DDT-Verseuchung der Gewässer vor Los
Angeles durch die Abwässer einer Pestizid-Fabrik gestoppt. Ab
1971 vermehrten sich die Braunen Pelikane (*Pelecanus occidentalis*)
auf den vorgelagerten Inseln Anacapa und Coronado Norte wieder.
1972 erschienen besonders reiche Sardinenschwärme, wichtig als
Nahrung der Pelikane. Die Produktion von O,9 Jungvögeln pro Nest
1974 reicht aber noch nicht aus, um den Bestand der Pelikane zu
erhalten; dafür wären mehr als 1,2 Jungvögel pro Nest notwendig.
Auch sind die Eischalen 1974 noch um 16 % dünner gewesen als bei
Eiern, welche vor 1943 gesammelt wurden, und Verluste durch Bruch
der Eischale beim Brüten kommen häufiger als normal vor. Man
darf auf Beobachtungen in den kommenden Jahren gespannt sein: ob
nämlich das Ausmaß der Schädigung noch weiter zurückgeht, oder ob
die Befunde von 1974 bereits die großräumige Verseuchung mit
chlorierten Kohlenwasserstoffen spiegeln, wie sie auch unabhängig
von den lokalen Abwassereinleitungen in den pazifischen Küstengewässern existiert. (Nach ANDERSON et al., 1975)

Jahr	Zahl der Nester	Zahl der Jungvögel	DDT-Gehalt intakte Eier (mg/kg Fett)	DDT-Gehalt Sardinen (mg/kg Feuchtgewicht)	Sardinen-Anzahl (in 1.000 Schwärme pro Areal)
1969	1.125	4	907	4,27	140
1970	727	5		1,40	70
1971	650	42		1,34	80
1972	511	207	221	1,12	195
1973	597	134	183	0,29	275
1974	1.286	1.185	97	0,15	355

lich nahmen die DDT-Gehalte der Eier umso mehr ab, je weiter sie
von der Santa Monica Bay entfernt waren.

Auch bei den Seelöwen (*Zalophus californianus*) von San Miguel Island
vor der kalifornischen Küste war die Fortpflanzung in Unordnung
geraten. Seit 1968 wurden immer mehr Totgeburten beobachtet, 1971
348 Fälle in einer Kolonie von 10 – 15.000 Tieren. Der DDT-Gehalt
in totgeborenen Welpen war viel höher als in lebenden Jungtieren:
824 gegen 103 mg/kg im Fett, 25 gegen 6,7 mg/kg in der Leber,
2,4 gegen 1,2 mg/kg im Gehirn (DELONG et al., 1973).

In der Gegend von Los Angeles liegt die Fabrik des einzigen DDT-
Herstellers in den USA, der Montrose Chemical Corporation, welche 1970 etwa zwei Drittel des Weltbedarfs an DDT deckte. Diese
Fabrik entließ seit 1953 ihre Abwässer in den öffentlichen Kanal,
welcher bei White Point in die Santa Monica Bay führt. Es wurden
Wasserproben aus dem Kanal oberhalb der Einleitung der DDT-Fabrik
untersucht, wo sich 0,034 mg/l fanden, entsprechend einer Tages-
menge von 3,3 kg DDT, während unterhalb die Menge 297 kg/Tag
betrug. Damit war der Verursacher der DDT-Verseuchung von Fischen,
Pelikanen und Seelöwen in der Santa Monica Bay gefunden. Im April
1970 begann die Umstellung des Abwassersystems mit dem Ergebnis,

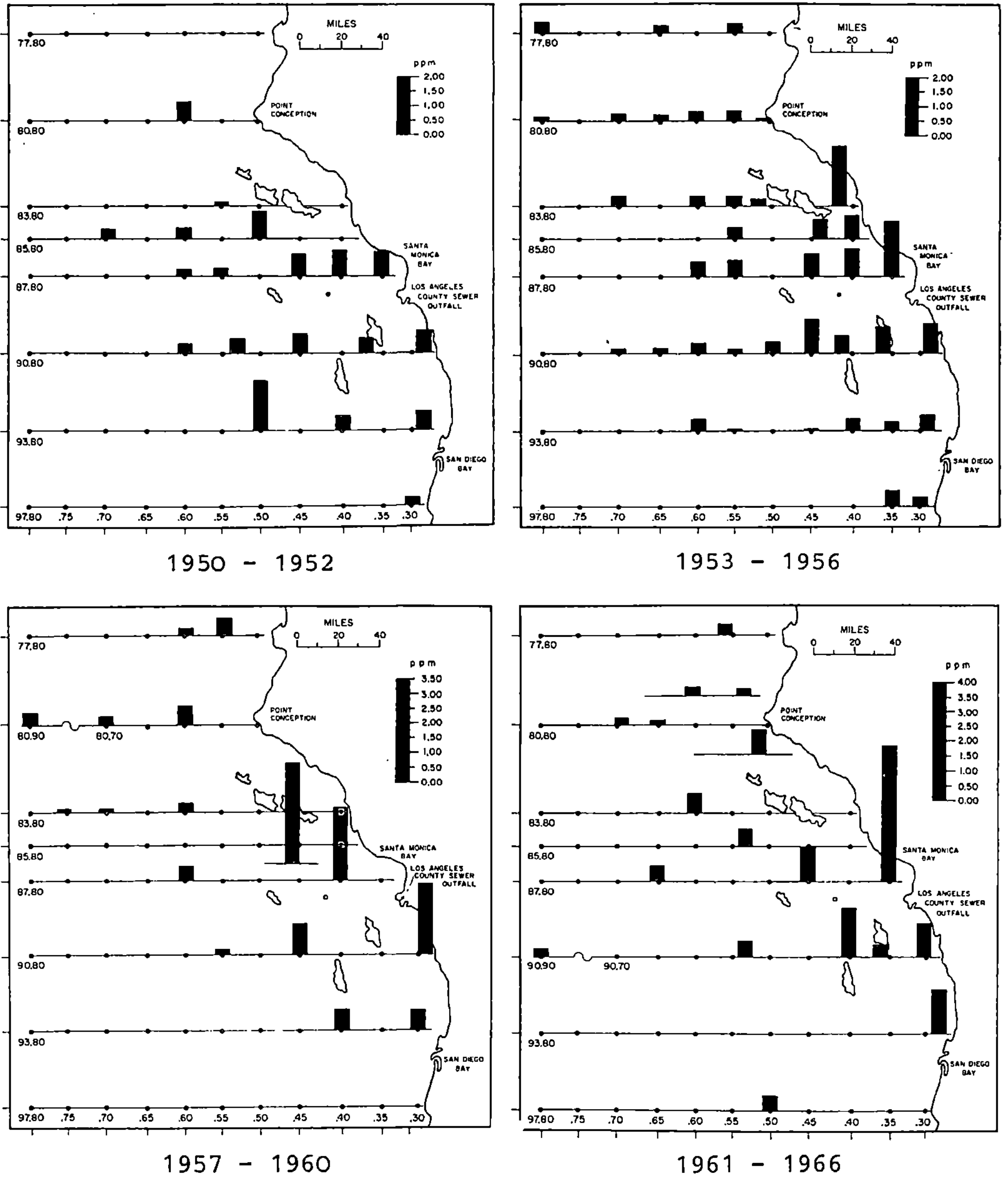

Abb. 26. Zwischen 1950 und 1966 wurden Leuchtsardinen (Myctophidae) an verschiedenen Stationen im Seegebiet vor Kalifornien
gefangen. Ihr DDT-Gehalt (mg/kg Feuchtgewicht = ppm) spiegelt die
Meeresverschmutzung durch Einleitung DDT-haltiger Abwässer durch
die Montrose Chemical Company bei Los Angeles, welche 1953 begann und bis 1970 andauerte (Aus MACGREGOR, 1974)

daß im Oktober 1971 die Menge bis auf 13 kg/Tag heruntergebracht
werden konnte (MACGREGOR, 1974).

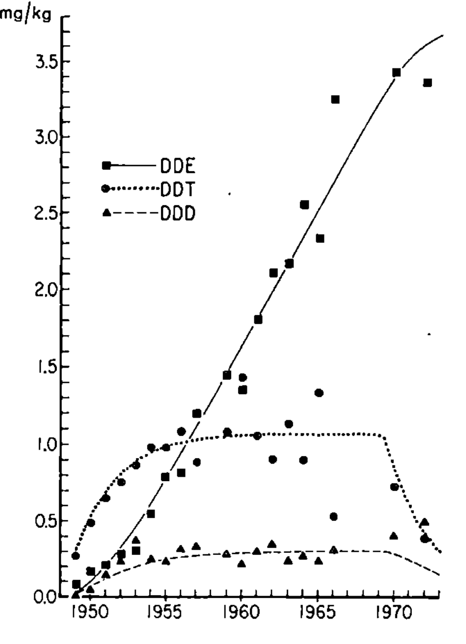

Abb. 27. Aus den Angaben der Abb. 26 wurde die theoretisch für eine Station 20 Seemeilen westlich von Los Angeles in Leuchtsardinen vorhandene DDT-Konzentration ermittelt (in mg/kg Feuchtgewicht). Während zwischen 1949 und 1955 alle Komponenten stark ansteigen, stellt sich anschließend für DDT und das Stoffwechselprodukt DDD eine Gleichgewichtssituation ein. Das kann man so erklären, daß die Umwandlung im Stoffwechsel, Exkretion und Verteilung etwa die gleiche Größenordnung haben wie die Zulieferung. Das persistente DDE, ebenfalls ein Stoffwechselprodukt, nahm jedoch weiter an Konzentration in den Leuchtsardinen zu, bis 1970 die DDT-Verschmutzung durch Abwässer der DDT-Fabrik gestoppt wurde. Der hohe Wert für DDD 1972 kann dadurch zustandegekommen sein, daß die Abwasserleitung von Rückständen gereinigt wurde, wobei große DDD-Mengen ausgeschwemmt wurden. (Aus MACGREGOR, 1974)

Die Verseuchung eines über 100 km großen Meeresgebietes durch die Abwässer einer DDT-Fabrik läßt sich gut an Leuchtsardinen (*Myctophidae*) verfolgen, welche seit 1950 an vielen Stationen gesammelt worden waren und später auf ihren Gehalt an DDT analysiert wurden: 1950 – 1952 lagen die Werte bei etwa 0,5 – 1 mg/kg, bis zur Periode 1961 – 1966 stiegen sie auf etwa 4 mg/kg an (Abb. 26). Nachdem 1970 die DDT-Einleitungen drastisch reduziert wurden, sind die Komponenten DDT und DDD im Fleisch der Leuchtsardinen zurückgegangen, während sich für DDE bis 1972 noch keine eindeutige Tendenz nachweisen ließ (Abb. 27). Aber in den gewöhnlichen Sardinen waren 1973 – 1974 die Konzentrationen des Gesamt-DDT wesentlich geringer als in den Vorjahren, und in den Pelikan-Kolonien war seit 1972 wieder Brut aufgezogen worden (Tabelle 10). Relativ schnell haben sich also die Maßnahmen zur Abwasserreinigung ausgewirkt.

Pflanzenschutzmittel gelangen natürlich auch dann in das Meer, wenn sie in Küstennähe in größerem Umfang verwendet werden. Als in Südkalifornien, den Badegästen zuliebe, lästige Strandfliegen mit DDT bekämpft wurden, hatten Makrelen später in ihrem Fleisch 2 – 17 mg/kg DDT und mußten für den Verzehr verboten werden (STOUT et al., 1972). An der Pazifik-Küste von Guatemala hatten 1970 Meeräschen (*Mugil*) DDT-Gehalte bis zu 36 mg/kg; nachdem zuvor bereits Garnelen ausgestorben waren, konnte man auch Fischsterben beobachten. Hier waren die unmittelbar an der Küste gelegenen Baumwollfelder intensiv mit DDT behandelt worden (KEISER et al., 1974). In den Obstgärten rund um den Sogne-Fjord in Norwegen war bis 1970 DDT in großem Umfang zur Schädlingsbekämpfung ange-

wendet worden. Als Folge davon hat Dorschleber (*Gadus morrhua*) aus
dem Sogne-Fjord DDT-Konzentrationen bis 10 mg/kg und darf in der
Bundesrepublik Deutschland nicht für Speisezwecke verwendet werden (STENERSEN u. KVALVAG, 1972). Fische, welche an der Mündung
des Flusses Viskan an der schwedischen Westküste gefangen werden,
haben so hohe Dieldrin-Gehalte, daß ihr Verkauf verboten wurde.
Pestizide kommen auch im Abwasser von Wollfabriken vor, weil
dort Textilien gegen Mottenfraß behandelt werden. PCB (poly-
chloriertes Biphenyl) kann in Küstengewässer gelangen, wenn
küstennahe Fabriken Leckagen in ihrem Kühlsystem haben, wo vielfach PCB als Wärmeaustauscher verwendet wird. Ein Beispiel ist
der Golf von Mexiko, wo Garnelen (*Penaeus*) in der Mitteldarmdrüse
17 - 132 mg/kg PCB hatten (NIMMO et al., 1971). Gegen Herbizide
sind Mangrovebäume sehr empfindlich. Während des Vietnam-Krieges
sind etwa 1.000 km^2 Mangrovegebiet entlaubt worden, was den Tod
der Pflanzen zur Folge hatte (ODUM u. JOHANNES, 1975).

4. Versenkung von Abfällen auf hoher See

Es ist nicht kostengünstig, Abfallstoffe in Fässer zu füllen,
diese auf ein Schiff zu verladen und das Schiff auf die offene
See zu schicken mit der Order, den Müll dort zu versenken. Dieser
Weg der Abfallbeseitigung wurde nur in Fällen gewählt, wo die
Abfälle so unangenehm sind, daß sie weder unschädlich gelagert
noch biologisch in Kläranlagen abgebaut, noch ohne besondere Vorkehrungen verbrannt werden können: Bei Munition, Giftgas, radioaktiven Stoffen und bei bestimmten Rückständen der Kunststoff-
fabrikation. Da aber die Meere außerhalb der Territorialgrenzen,
also bisher außerhalb der Dreimeilenzone, frei sind, konnte niemand gehindert werden, dort an Müll abzuladen, was ihm beliebt.
Ölpest stört den Badegast und ruft den Vogelschützer auf den
Plan: Unbemerkt von der Öffentlichkeit sind aber seit Jahrzehnten
viele tausend Fässer mit Rückständen chemischer Produktionen
verschiedener Industrienationen im Meer versenkt worden. Im Golf
von Mexiko wurden 1968 monatlich 14.000 t Abfälle von am Missis-
sippi gelegenen Pestizid-Fabriken versenkt. Dabei handelt es sich
nur um einen Bruchteil von insgesamt schätzungsweise 330.000 t
Pestizidabfällen, welche 1968 von den gesamten USA aus in verschiedenen Meeresgebieten versenkt wurden, zusammen mit 560.000 t
Abfällen der Ölraffinerien, 140.000 t Abfällen der Papierindu-
strie, 940.000 t verschiedenen Materialien und 2,7 Millionen
Tonnen Abfallsäure (Abb. 28). Aus der Bundesrepublik wurden in
dieser Zeit monatlich etwa 40 t chlorierte Kohlenwasserstoffe
im Atlantik versenkt (McCAULL u. CROSSLAND, 1974), und für den
Zeitraum 1963 - 1969 werden aus Großbritannien 38.000 Fässer mit
chlorierten Kohlenwasserstoffen und 40.000 Fässer mit Cyanver-
bindungen, Arsen und anderen Giften gemeldet (ROLL, 1971).

Fischer fanden wiederholt solche Fässer in ihren Netzen, nicht
nur auf hoher See, sondern auch in den niederländischen und
deutschen Küstengewässern. Das läßt vermuten, mancher Schiffs-
führer hat billiges Geld gemacht, indem er die Giftfässer bald
nach Verlassen des Hafens über Bord warf und sich den Weg auf
die hohe See ersparte. Der Inhalt der Fässer bestand aus verschiedenen Komponenten (BERGE et al., 1972; GREVE, 1971), vor
allem Abfällen bei der PVC-Herstellung; häufig handelt es sich
um eine Mischung kurzkettiger aliphatischer Kohlenwasserstoffe,
die als EDC-Teer bekannt ist. Insgesamt handelt es sich um mehr
als 80 verschiedene Substanzen, darunter 15 mit bekannter krebs-
erregender Wirkung; mengenmäßig überwiegen Dichloräthan und Tri-
chloräthan. Für 1974 wird weltweit mit einer Vinylchlorid-Pro-
duktion von 10 Millionen Tonnen gerechnet. Dabei würden etwa
400.000 t EDC-Teer als Abfall entstehen (JENSEN et al., 1975).
Im nord- und mitteleuropäischen Industriebereich fielen 1970
etwa 75.000 t EDC-Teer an (JERNELöV et al., 1972).

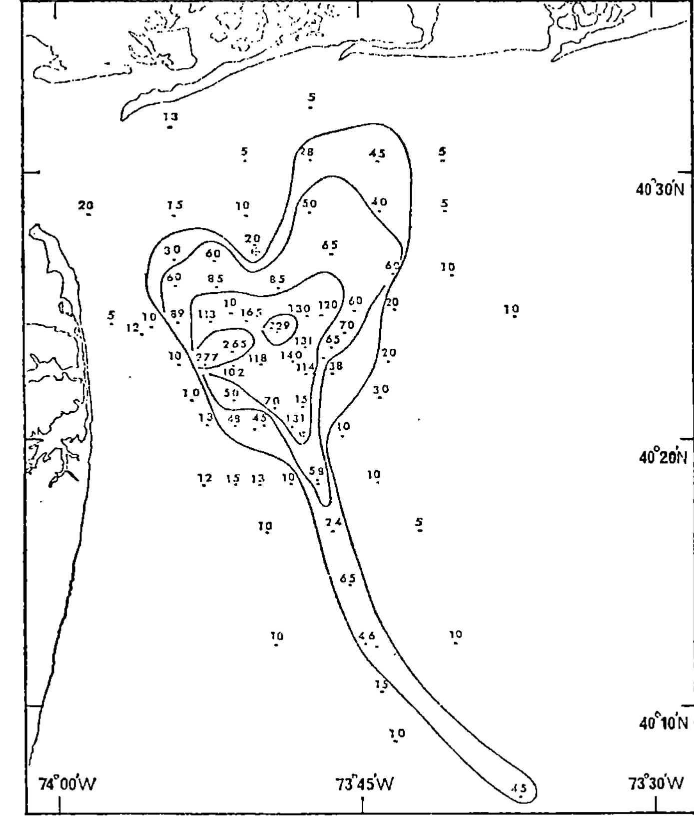

(a) Blei

(b) Kupfer

<u>Abb. 28a-d.</u> Seit einem Jahrhundert werden große Abfallmengen in der Bucht von New York versenkt, in den letzten Jahren über 10 Millionen Tonnen/Jahr: Baggergut, Bauschutt, Klärschlamm und Abfälle der chemischen Industrie. Die Schwermetallkonzentrationen in den Sedimenten an der Verklappungsstelle sind entsprechend hoch und lassen die Richtung der vorherrschenden Wasserströmung erkennen. Zahlen in mg/kg trockenes Sediment. (Aus CORMODY et al., 1973)

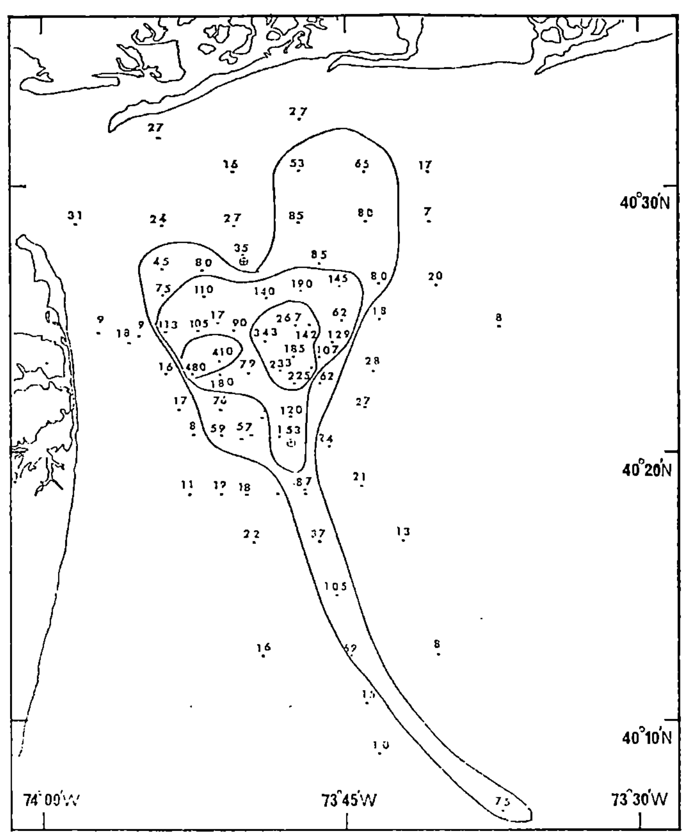

(c) Zink

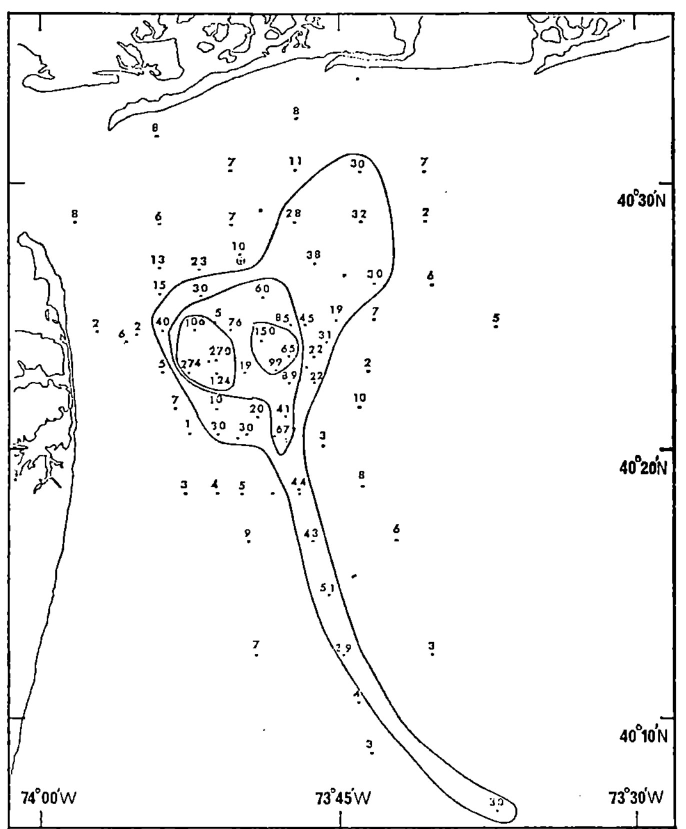

(d) Chrom

1970 analysierten skandinavische Wissenschaftler aliphatische chlorierte Kohlenwasserstoffe im Meerwasser des Nordatlantiks und der Norwegischen See (JENSEN et al., 1972). Dieser Befund alarmierte, denn wenn sich solche Stoffe im Meerwasser ermitteln lassen, muß die Gesamtmenge der im Meer versenkten Abfälle sehr groß sein. In einer Probe war die Konzentration sogar so, daß bereits die 10fache Menge toxische Wirkungen im Laborexperiment zeigte. Auch konnte gezeigt werden, daß aliphatische Chlorkohlenwasserstoffe bis zu 3.000fach in Organismen angereichert werden. Mit entsprechendem Argwohn wurde die weitere Entwicklung verfolgt.

Im Juli 1971 lief von Rotterdam der Küstenfrachter "Stella maris" aus, mit 600 t Abfällen der holländischen AKZO-Vinylchlorid-Fabrik beladen und mit dem Auftrag, diese Fracht nahe der Halten Bank, 60 Seemeilen westlich von Norwegen, zu versenken. Das wurde bekannt, und die skandinavischen Regierungen intervenierten gegen die Absicht, die Versenkung dicht bei einem wichtigen Fischereigebiet durchzuführen. Die "Stella maris" wurde daraufhin umgeleitet zu einer Position südlich von Island und wollte auf dem Wege dahin in Thorshavn auf den Färöern bunkern. Die Fischer von Thorshavn jedoch verhinderten das mit Nachdruck, gegen ein Nachbunkern in Stornoway auf den Hebriden erhob die britische Regierung Einspruch, und für den Fall, daß der Frachter irische Gewässer anlaufen wollte, drohte Irland ihm ein Kriegsschiff an. Am 26.7.1971 kehrte das Schiff unverrichteterdinge wieder nach Rotterdam zurück; dort wurden die Fässer gelagert, bis eine Müllverbrennungsanlage für Spezialmüll fertiggestellt war (ANON, 1971a).

Inzwischen geht man dazu über, solche Verbrennungsanlagen für Spezialmüll auf Schiffen zu errichten und die Verbrennung auf See vorzunehmen. Das hat den Vorteil, daß die Abgase keine Menschen belästigen. Die Salzsäure, welche sich bei der Verbrennung von Chlorkohlenwasserstoffen bildet, dürfte auf das Leben in der Nordsee nicht schädigend wirken, weil das Meerwasser gut mit Bikarbonaten gepuffert ist.

Man muß befürchten, daß niemals bekannt wird, wieviel gefährliche Abfälle in den vergangenen Jahrzehnten auf hoher See versenkt worden sind und noch gegenwärtig am Meeresboden lagern. Darunter ist auch Kriegsgerät. Wenn in der Ostsee Fischer gelegentlich Giftgasgranaten in ihren Netzen finden, welche nach dem Zweiten Weltkrieg dort versenkt wurden, dann kann es zu Verätzungen der Haut kommen. Östlich von Bornholm sollen noch größere Mengen Senfgas am Boden der Ostsee lagern.

Was in der Tiefsee passiert, entzieht sich weitgehend der Beobachtung. Nur wissen wir inzwischen, daß auch die Tiefsee durch Meeresströmungen und durch die Vertikalwanderung der Organismen mit den oberflächlichen Meeresgebieten im Austausch steht, so daß man nicht mehr die Tiefsee als sicheren Müllabladeplatz betrachten kann. Entsprechend nervös reagieren die Behörden auch bei Anlässen, welche das eigentlich wohl nicht rechtfertigen (ANON, 1975): Im März 1975 verließ der 115.000-t-Tanker "Enskeris" Finnland mit einer Ladung von etwa 100 t Arsenverbindungen, ver-

packt in 500 Fässern und dafür bestimmt, auf hoher See im Süd-
atlantik über Bord geworfen zu werden. Das erregte den Zorn der
öffentlichen Meinung, und die Regierungen von Brasilien und Süd-
afrika protestierten. Die finnische Regierung beorderte daraufhin das Schiff zurück. Inzwischen sind internationale Konventionen
erarbeitet worden, welche die Versenkung von Giftstoffen entweder
verbieten oder von einer genauen Überprüfung der Verhältnisse
und einer entsprechenden Genehmigung abhängig machen (s. Kapitel
11).

5. Ölverschmutzung

5.1. Ölpest

Schätzungen darüber, wieviel Erdöl jährlich die Weltmeere verschmutzt, gehen weit auseinander. Auf dem Dritten Internationalen Ozeanographen-Kongreß in Tokyo 1970 nannte der amerikanische Meereskundler J.M.HUNT 5 - 10 Millionen Tonnen; neuere Schätzungen kommen zu wesentlich niedrigeren Zahlen um 2 Millionen Tonnen. Offenbar ist vor allem die Ölmenge überbewertet worden, welche bei Unglücksfällen in die Ozeane gelangt, während es sich bestätigt hat, daß große Ölmengen aus vielen kleinen Lecks und routinemäßigen Unachtsamkeiten stammen, nicht nur auf See und im Küstenbereich, sondern auch im Binnenland. Um vieles größer als die Menge der direkt die Ozeane belastenden Erdölprodukte ist die Menge an Erdölkohlenwasserstoffen, welche bei unvollständiger Ölverbrennung in die Atmosphäre gelangt und sich als "fall-out" in den Ozeanen niederschlägt (Tabelle 11).

Von 2,2 Milliarden Tonnen Welt-Erdölförderung 1970 stammten 0,44 Milliarden Tonnen von untermeerischen Lagerstätten, 1,5 Milliarden Tonnen wurden mit Tankschiffen an ihren Bestimmungsort transpor-

Tabelle 11. Es wird geschätzt, daß 1969 die folgenden Mengen an Rohöl und Erdöl-Kohlenwasserstoffen in die Weltmeere gelangten. (Nach McCAULL u. CROSSLAND, 1974)

Verschmutzungsquelle	Millionen Tonnen
Normale Tankerfahrt	0,53
Untermeerische Erdölförderung	0,10
Normale Schiffahrt	0,50
Raffinerieabwässer	0,30
Ölabfälle von Land und über die Flüsse (Industrie und Verkehr)	0,55
Unglücksfälle (alle Quellen)	0,20
Direkter Eintrag insgesamt	2,18
Über die Atmosphäre (aus Verbrennungsprozessen von Industrie, Haushalt und Verkehr)	10,00
Vom Menschen verursachter Eintrag insgesamt	12,18
Natürliche untermeerische Erdölquellen	unter 0,10

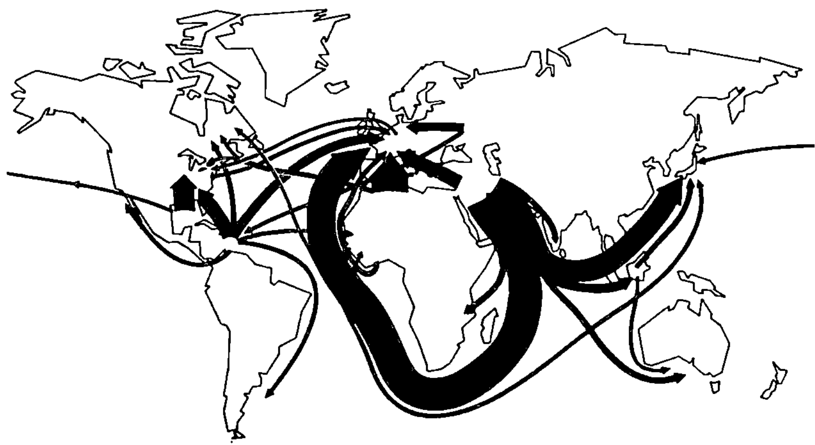

Abb. 29. Die wichtigsten Wege des überseeischen Öltransportes
im Jahr 1968, als der Suezkanal gesperrt war. (Nach BP Statisti-
cal Review of the World Oil Industry aus BLUMER et al., 1972)

tiert. Die Mengen sind in 30 Jahren um mehr als das 10fache gewachsen und erklären, daß trotz aller Bemühungen in den vergangenen Jahrzehnten das Ausmaß der Ölpest gestiegen ist. Öl
wird über alle Meere transportiert (Abb. 29), wenn auch nur in
geringem Umfang quer über den Pazifik. Aber die Küsten des Atlantiks, des Mittelmeeres, des Indischen Ozeans und der fern-
östlichen See sind ständig von Ölkatastrophen bedroht. Wie früher
in anderen Schelfgebieten hat sich auch in der Nordsee im vergangenen Jahrzehnt die Erdölprospektierung und die Erdölförderung
ausgebreitet (Abb. 30, S. 56). Auch dabei sind Unglücksfälle
nicht auszuschließen, besonders auch wegen der Wetterverhältnisse.

Wie Unglücksfälle geschehen, und welche Folgen sie haben können,
lehrt der Fall des Tankers "Torrey Canyon", der am 18. März 1967
am hellen Tag bei gutem Wetter mit 17 Knoten Geschwindigkeit auf
das Riff Seven Stones nordöstlich der Scilly-Inseln auflief (Abb.
31, S. 57), beladen mit 117.000 t Rohöl aus dem Persischen Golf.
6 der 18 Tanks wurden aufgeschlitzt, 30.000 t Öl liefen aus und
trieben als 20 Seemeilen große Fläche auf den Englischen Kanal
zu; ein Teil dieser Ölmenge erreichte am 11. April 1967 die
Bretagne zwischen Les Heaut und der Bucht von Lannion; es mögen
etwa 15.000 t gewesen sein. In den Tagen nach dem Unglück be-
wirkte stürmische See, daß weiteres Öl, etwa 18.000 t aus dem
Tanker floß. Starker Westwind trieb dieses Öl zwischen dem 24.
und 26. März 1967 an die Küste von Cornwall. Am 26. März 1967
zerbrach das Wrack in schwerer See, weitere 40 - 50.000 t Öl
wurden frei. Diese Menge trieb zunächst in Richtung auf die
englische Küste; buchstäblich in letzter Minute drehte jedoch
der Wind und wehte während der folgenden 30 Tage aus nördlichen
und nordöstlichen Richtungen. Das Öl wurde auf die Biskaya ge-
trieben, und nur geringe Reste von weniger als 300 t gelangten
nach 5 Wochen an die Küste der Bretagne zwischen Pointe du Raz
und Crozon (SMITH, 1968).

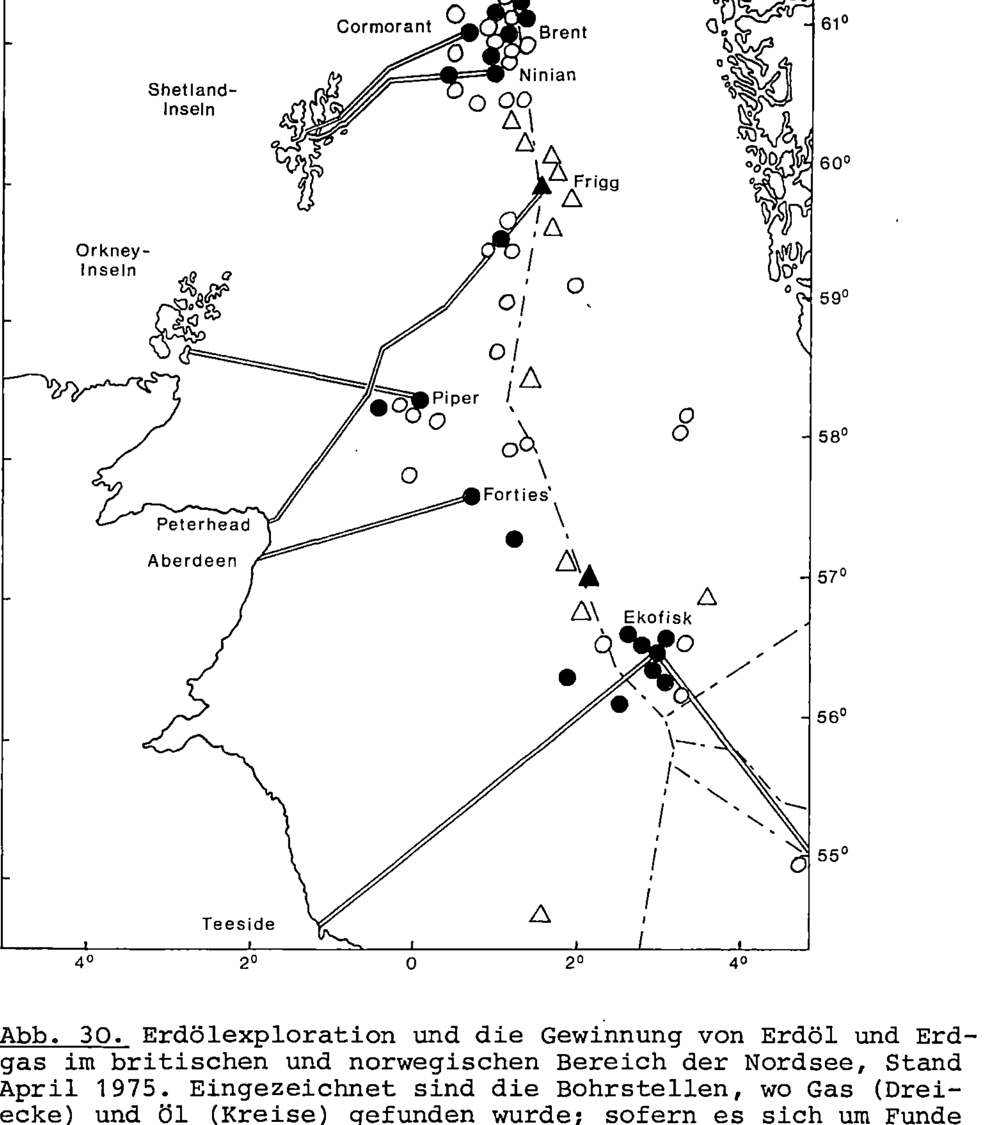

Abb. 30. Erdölexploration und die Gewinnung von Erdöl und Erdgas im britischen und norwegischen Bereich der Nordsee, Stand April 1975. Eingezeichnet sind die Bohrstellen, wo Gas (Dreiecke) und Öl (Kreise) gefunden wurde; sofern es sich um Funde von wirtschaftlicher Bedeutung handelt, sind die Symbole schwarz ausgefüllt. Ebenfalls eingezeichnet sind die untermeerischen Erdöl- und Erdgasrohrleitungen. (Nach AFFOLTER, 1976)

In der südlichen Nordsee ist eine ähnliche Tankerkatastrophe geradezu überfällig, denn nach der Weltstatistik spielen sich 50 % aller Kollisionen von Schiffen über 500 Bruttoregistertonnen zwischen Dover und der Elbemündung ab. Da die Tanker-

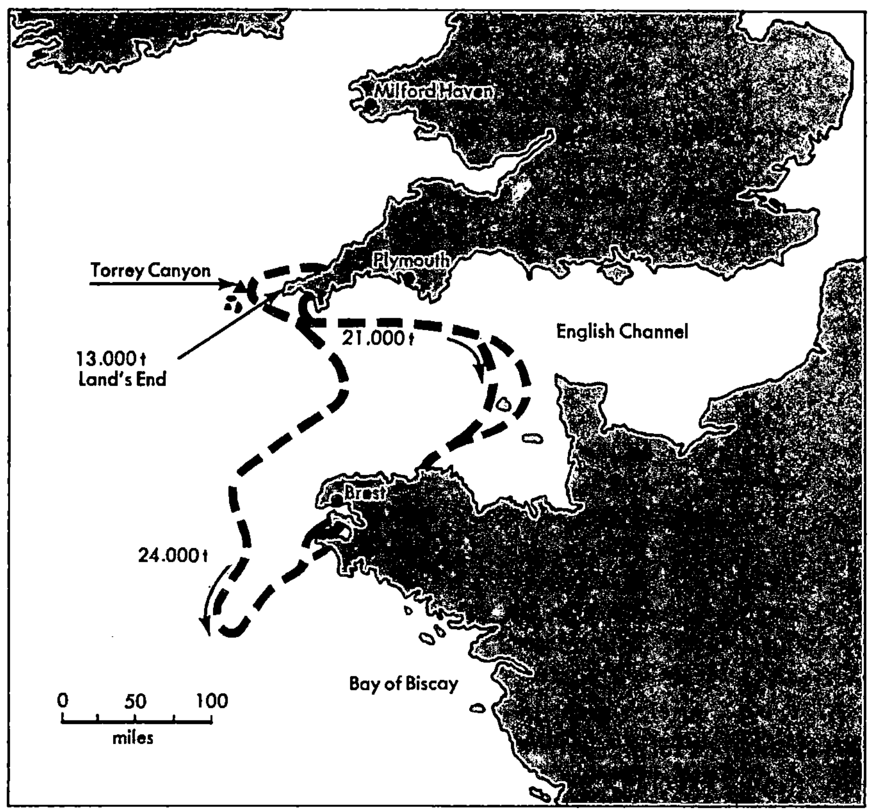

Abb. 31. Auf dem Weg nach Milford lief am 18. März 1967 der
Tanker "Torrey Canyon" auf ein Riff nordöstlich der Scilly-
Inseln auf. In der Karte sind die Driftwege des an verschiede-
nen Tagen aus dem Wrack ausgeflossenen Öls eingezeichnet. (Aus
McCAULL u. CROSSLAND, 1974)

größen ständig wachsen und 300.000 t Ladung schon ein Regelfall
sind, wird auch das Ausmaß einer möglichen Katastrophe immer
gewaltiger (RANKEN, 1971).

Bis vor wenigen Jahren wurde bei dem Wort Ölpest nur an zwei un-
angenehme Folgen gedacht: An die Beeinträchtigung des Badever-
gnügens am Strand, wo man sich mit Teer beschmiert, und an das
Sterben der Seevögel, die ihr Gefieder mit Öl beschmutzen. In
Großbritannien gibt es die "Royal Society for the Protection of
Birds", die bereits 1971 eine Untersuchung über verölte Seevögel
startete. Anfang der fünfziger Jahre wurde aus den Funden verölter Seevögel am Strand geschlossen, daß allein im Gebiet der
britischen Inseln jährlich 50 - 250.000 Seevögel umkommen (PARSLOW,
1971). 1953 waren 500 t Öl dafür verantwortlich, daß 10.000 Seevögel in der Hohwachter Bucht umkamen, 1958 töteten 8.000 t Öl
eine halbe Million Seevögel bei Scharhörn (GOETHE, 1968). 1958 -
1962 wurden an der holländischen Küste pro km Strand jährlich 12
tote verölte Seevögel gefunden, 1962 - 1968 waren es 47 (PARSLOW,
1971.) (Abb. 32).

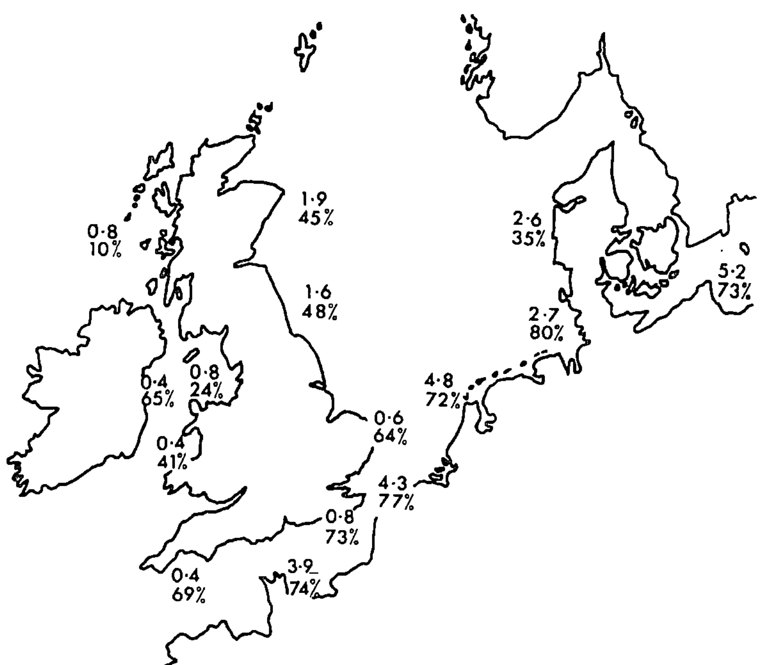

Abb. 32. Funde toter, verölter Seevögel am Strand legen Zeugnis vom Umfang der Ölverschmutzung ab. In die Karte der Nordsee und der Britischen Inseln sind für die Jahre 1967 - 1973 die mittleren Zahlen tot gefundener Vögel/km eingetragen, darunter der Prozentsatz der Vögel mit deutlichen Ölspuren. (Aus BOURNE u. BIBBY, 1975)

Die Bekämpfung der Ölpest geschah noch vor wenigen Jahren überwiegend mit Detergentien, die eine Öl-in-Wasser-Emulsion schaffen. Bei dem Unglück der "Torrey Canyon" wurde noch am gleichen Tage versucht, mit Detergentien das Öl zu bekämpfen. Angesichts der Gefahr, daß bei den vorherrschenden Westwinden die gesamte Ladung des Tankers sich über die Küsten des Englischen Kanals verbreiten und möglicherweise in die Nordsee eindringen würde, mag diese Reaktion verständlich sein. In großen Mengen wurden Detergentien auch benutzt, um die verschmutzten Küsten von Cornwall zu säubern, damit sie für die kommende Badesaison wieder geeignet wären. Im ganzen wurden 10.000 t Detergentien verbraucht, um etwa 14.000 t Öl zu bekämpfen. Biologisch wurde mehr Schaden durch die verwendeten Detergentien angerichtet, als es nur durch das Öl hätte geschehen können. Im Gegensatz zu den Briten verwendeten die Franzosen pulverisierte Schultafelkreide, Kalziumkarbonat, um das an der Meeresoberfläche treibende, allerdings bereits gealterte Öl zu versenken. Diese Methode war sehr erfolgreich: Mit 3.000 t Kreide konnten etwa 30.000 t Öl beseitigt werden; allerdings scheinen die Kreide-Öl-Klumpen 1969 teilweise wieder aufgetaucht zu sein.

Die Detergentien, die beim "Torrey Canyon"-Unglück verwendet wurden, waren verhältnismäßig giftig; sie sind umso wirksamer

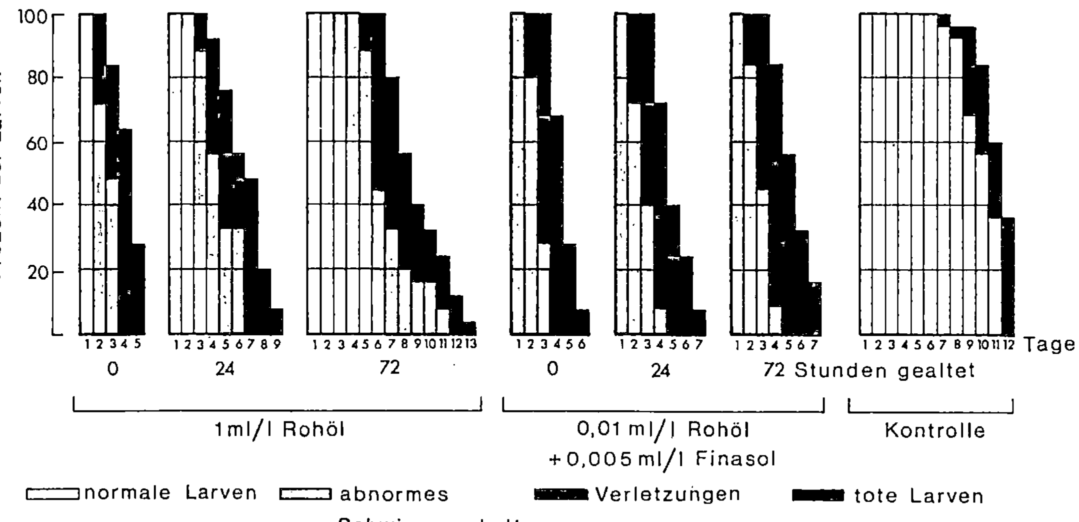

Abb. 33. Heringslarven (*Clupea harengus*) reagieren empfindlich auf
Ölverschmutzung: Zunächst zeigen sie abnorme Schwimmbewegungen
(hell punktiert), dann deformiert sich der Körper und es treten
Hautschäden auf (dunkel punktiert), besonders die Flosse ist an-
gegriffen, und schließlich sterben die Larven (schwarz). Wenn
man Venezuela-Rohöl ohne weitere Zusätze in Seewasser dispergiert (1 ml/l), dann wirkt die frische Dispersion viel giftiger
als die 1 oder 3 Tage alte Dispersion (linkes Diagramm). Wenn
man das relativ ungiftige Dispersionsmittel Finasol OSR-2 zusetzt, dann ist diese Mischung auch bei sehr geringen Ölmengen
(0,01 ml/l) viel giftiger und behält die starke Giftwirkung
auch nach 3 Tagen Alterung (rechtes Diagramm). (Nach LINDEN,
1975)

gegen Öl, je mehr aromatische Bestandteile sie aufweisen. Inzwischen sind Detergentien entwickelt worden, die sehr viel weniger giftig sind, so daß sie Verwendung finden können, falls
treibendes Öl unmittelbar einen Küstenstrich bedroht oder ver-
schmutzte Küsten gereinigt werden müssen. Außerdem steht ein
ganzes Arsenal von ölbindenden Mitteln zur Verfügung, und es
sind Versuche unternommen worden, Ölfelder auf der Meeresoberfläche nach entsprechender Behandlung in Brand zu setzen. Wo
immer es angängig ist, bevorzugt man heute jedoch die mechanische Beseitigung des Öls durch Bagger und Sauger, vor allem
aber überlegt man gründlich, ob überhaupt eine Bekämpfungsaktion
notwendig ist, denn treibendes Öl auf der Meeresoberfläche ist
die am wenigsten gefährliche Situation, wenn keine Küsten bedroht werden. Zwar muß in Kauf genommen werden, daß Seevögel
sterben, wenn sie mit dem Öl in Berührung kommen, aber weder
das Emulgieren des Öls mit Detergentien noch das Absenken mit
Ölbindern beseitigen das Öl wirklich, und emulgiertes Öl wirkt
in der ganzen Wassersäule giftig (Abb. 33).

Erdöl besteht aus mehreren tausend verschiedenen Substanzen, einfachen und verzweigten Ketten, gesättigten und ungesättigten Ringen. Jedes Ölvorkommen unterscheidet sich von anderen entsprechend den Entstehungsbedingungen in erdgeschichtlicher Vergangenheit.

Wenn Rohöl auf der Meeresoberfläche ausfließt, dann verdampfen zunächst leichtsiedende Bestandteile und gehen in die Atmosphäre über, andere Komponenten lösen sich im Seewasser. Von den wasserlöslichen Substanzen sind viele stark giftig (Tabelle 12), aber über ihr weiteres Schicksal ist wenig bekannt. Wenn Öl in Bodensedimente eingearbeitet wird, hält die Giftwirkung jahrelang vor (BLUMER u. SASS, 1972).

Tabelle 12. Auch in Konzentrationen, bei denen Rohöl im Toleranzexperiment keine Schadwirkung zeigt, können subletale Wirkungen die Vermehrungsrate von Organismen beeinflussen. Bei Amphipoden klammern sich Männchen und Weibchen längere Zeit aneinander (Präkopulation), um erst während der nächsten Häutung die Kopulation zu vollziehen. Trennt man die Partner während der Präkopulation, dann finden sie gewöhnlich schnell wieder zueinander. Aber bereits bei sehr geringen Mengen von Venezuela-Rohöl (aufgeschüttelt in Seewasser) wird dieses Verhalten bei *Gammarus oceanicus* gestört. (Nach LINDEN, 1976)

Rohölkonzentration (μg/l)	Zahl der Paare (von 10), die sich nach Trennung wiederfinden Einwirkungsdauer (Tage)			
	1	2	4	8
0 (Kontrolle)	10	10	10	10
1	10	10	10	10
10	0	0	2	5
20	0	0	0	0
40	0	0	0	0

5.2. Abbau des Öls im Meer

Die Hauptmenge des Öls, welche an der Meeresoberfläche schwimmen bleibt, besteht aus weniger toxischen Verbindungen, welche teils unter der Wirkung der ultravioletten Sonnenstrahlen oxidierten, teils von Bakterien und Hefen abgebaut werden. Allerdings sind die Aussagen noch widersprüchlich darüber, wie schnell dieser Abbau unter natürlichen Bedingungen vor sich geht (FLOODGATE, 1972). Im Laboratorium kann aus 1 m^3 ölverschmutztem Seewasser täglich bis zu 1 g Öl durch mikrobiellen Abbau verschwinden. Andere Experimente ergaben aber geringere Raten, 30 g/Jahr bei 14°C und nur 11 g/Jahr bei 4°C. Beim aeroben Ölabbau durch Bakterien und Pilze wird viel Sauerstoff benötigt, und auch Nährsalze sind erforderlich. Im Öl selbst sind ja nur geringe Mengen an Stickstoff- und Phosphorverbindungen enthalten, und wenn die

Tabelle 13. Nicht nur bestimmte Bakterien und Hefen, auch manche
Algen haben die Fähigkeit, sowohl Rohöl als auch eine Mischung
von Erdöl-Kohlenwasserstoffen für ihre Ernährung als Kohlenstoff-
quelle zu nutzen. Die farblose Alge *Prototheca zopfii* kann aus
einer Mischung von Kohlenwasserstoffen beträchtliche Anteile abbauen. (Nach WALKER et al., 1975)

| Art des Kohlenwasserstoffs | Prozentsatz enthalten in | | Abbauleistung von *Prototheca* in % vom Ausgangsmaterial |
	ohne Mikroorganismen gealteter Probe	von *Prototheca* abgebauter Probe	
Cumen	1,58	0,02	99
n-Decan	7,66	0,01	100
n-Undecan	7,59	0,46	94
Naphthalen	0,65	0,01	100
n-Dodecan	7,76	2,33	70
n-Tridecan	8,20	4,06	50
n-Tetradecan	8,68	5,10	41
n-Pentadecan	11,28	7,37	35
n-Hexadecan	9,03	5,66	37
n-Heptadecan	13,58	8,62	37
Pristan	0,86	0,47	45
n-Octadecan	8,76	5,38	39
n-Nonadecan	8,45	5,02	41
n-Eikosan	10,82	6,50	40
Phenanthren	0,41	0,24	41
1,2-Benzanthracen	0,47	0,28	40
Perylen	1,85	1,17	37

ölabbauenden Mikroorganismen gut gedeihen sollen, dann brauchen
sie ebenso wie die grünen Planktonalgen mineralische Nährstoffe.
Um 1 mg Öl abzubauen, brauchen die Bakterien etwa so viel Stickstoff, wie normalerweise in 1 l Seewasser enthalten ist (GIBBS
et al., 1975).

Es sind besondere Arten von Bakterien und *Candida*-Hefen sowie
einige andere Mikroorganismen (Tabelle 13), welche Öl im Meer
abbauen können. Wo keine Ölverschmutzung vorliegt, kommen sie
nur vereinzelt vor, etwa 100 Keime/l Seewasser. Sie vermehren
sich auf einige tausend Keime/l, wenn Öl vorhanden ist. Aber ihre
Leistung ist trotz großer Anzahl gering, wenn Nährstoffe knapp
sind. Unter bestimmten Versuchsbedingungen wird dann nur 5 %
der Ölmenge abgebaut, während man die Leistung durch Nährstoff-
zugabe auf 70 % steigern kann (ATLAS u. BARTHA, 1973). Man hat

erwogen, zur Ölbekämpfung Minderaldünger auf der Meeresoberfläche zu verteilen, um den ölabbauenden Mikroorganismen bessere
Lebensbedingungen zu bieten.

Da mikrobieller Abbau erfolgt, ist Erdöl insgesamt kein Schadstoff, der sich weltweit an der Meeresoberfläche ansammeln könnte.
Allerdings sind im Erdöl teerige Substanzen enthalten, welche
zum Teil nur schwer abbaubar sind, zum Teil vielleicht dem Wirken der Mikroorganismen so sehr Widerstand leisten, daß man sie
als persistent bezeichnen kann.

5.3. Teer und krebserregende Kohlenwasserstoffe

Es gibt Schätzungen, daß weltweit 150.000 t teerige Bestandteile
des Öls auf den Ozeanen treiben (DUURSMA u. MARCHAND, 1974); andere Schätzungen nennen für das Mittelmeer 20 mg Teer/m^2, für
den subtropischen Nordatlantik 2 - 6 mg/m^2 und weiträumig in den
Weltmeeren etwa 0,1 mg/m^2. Dabei handelt es sich überwiegend um
erbsengroße Klumpen. Im Seegebiet zwischen Halifax und den Bermudas kommen 1 - 10 mg Teer/m^2 vor, dazu muß man noch etwa 4 mg
Öl/m^2 rechnen, welches in den oberen Wasserschichten dispergiert
ist. Wenn die Analyse mit fluoreszenzspektroskopischen Methoden
verläßliche Werte gibt, dann sind in der obersten, 3 mm dicken
Wasserschicht 20 µg/l Öl enthalten, in 5 m Tiefe noch 0,5 µg/l,
tiefer jedoch keine meßbaren Mengen (GORDON et al., 1974).

Im auf der Meeresoberfläche treibenden Teer sind aromatische
Kohlenwasserstoffe enthalten, und es ist nachgewiesen worden,
daß sich darunter auch krebserregende Substanzen wie das 3,4-
Benzypren befinden.

Die Weltgesundheitsbehörde hat festgestellt, daß die Menge poly-
zyklischer aromatischer Kohlenwasserstoffe im Trinkwasser nicht
höher als 0,2 µg/l sein soll. Im Rheinwasser werden 0,7 - 1,5 µg/l
gemessen, davon bis zu 0,7 µg/l an nachweislich krebserregenden
Verbindungen. Hierfür muß man wohl die Abwässer der chemischen
Industrie verantwortlich machen. Wenn man aber weltweit auch im
Meerwasser polyzyklische aromatische Kohlenwasserstoffe nachweisen kann, dann ist es wichtig zu wissen, woher sie stammen.

Die Konzentrationen sind im westgrönländischen Meer nicht sehr
verschieden von denen an der französischen Mittelmeerküste: Das
spricht gegen eine Zulieferung aus der Ölverschmutzung. Im Wasser
der Lagune des nordpazifischen Atolls Clipperton wurden allein
an 3,4-Benzypren 4 µg/l gemessen. Auch in jungen marinen Sedimenten hat man polyzyklische aromatische Kohlenwasserstoffe in
großer Vielgestaltigkeit angetroffen, und die Serie der Alkyl-
homologe reicht mindestens bis 12 Kohlenstoffatome (BLUMER u.
YOUNGBLOOD, 1975).

Gegenwärtig ist die Diskussion noch nicht abgeschlossen, woher
diese relativ großen Mengen an krebserregenden und anderen poly-
zyklischen Kohlenwasserstoffen in den Lebensräumen des Meeres
kommen. Es gibt natürlich industrielle Quellen und die Verschmutzung der Meere mit Erdöl, es gibt den Eintrag über die Atmosphäre,

welche durch die Verbrennung von Kohle und Erdöl belastet ist,
und durch Wald- und Steppenbrände, aber es gibt auch Anhalts-
punkte dafür, daß die Meeresvegetation und die Meeresbakterien
in ihrem normalen Stoffwechsel polyzyklische aromatische Kohlenwasserstoffe herstellen (ANDELMAN u. SNODGRASS, 1974).

Viele dieser Verbindungen sind nicht sehr persistent, besonders
unter Lichteinwirkung geht der Abbau schnell, aber auch sonst
konnte in Experimenten der Abbau innerhalb einiger Wochen verfolgt werden. Allerdings werden polyzyklische aromatische Kohlenwasserstoffe in Organismen gespeichert, und über die Nahrungskette könnten sie bis in die menschliche Nahrung kommen.

Es gibt gut begründete Theorien, wonach auch die geringsten Konzentrationen kanzerogener Chemikalien das Krebsrisiko erhöhen.
Deshalb muß das Vorkommen solcher Substanzen im Meerwasser mit
Aufmerksamkeit verfolgt werden. Allerdings sieht es so aus, als
könne für den Menschen die Belastung über den Speisefisch keine
Rolle spielen gegenüber der Aufnahme mit verunreinigter Atemluft,
aus Gemüse und Pflanzenfetten sowie aus schwarzgeräucherten und
im offenen Feuer gerösteten Fleischwaren.

6. Besondere Probleme bei persistenten Schadstoffen

6.1. Sedimentation

Manche chlorierten Kohlenwasserstoffe sind weitgehend persistent,
weil sie dem photochemischen und mikrobiellen Abbau Widerstand
leisten. Schwermetalle sind in der Biosphäre vollkommen persistent, weil sich ihre Atomstruktur nicht verändert, und praktisch kann man auch die radioaktiven Elemente mit längerer Halb-
wertzeit zu den persistenten Stoffen rechnen.

Persistente Stoffe sind nur so lange als Umweltchemikalien wirksam, wie sie in die Biosphäre eingreifen. Während auf dem Lande
die Erosion vorherrscht, ist für das Geschehen im Meer die Sedimentation bestimmend. Schadstoffe, welche durch den Sedimentations-
prozeß in das Bodensediment des Meeres gelangen, verschwinden aus
der Biosphäre. Allerdings müssen sie so tief sedimentiert werden,
daß weder die Wühltätigkeit der Bodenfauna noch gelegentliche
Erosion bei Orkanen das Sediment wieder in Kontakt mit der Biosphäre bringen (Tabelle 14).

Tabelle 14. Sedimentproben haben zwar häufig in den oberflächlichen Schichten höhere Schadstoffgehalte, aber das Bild ist oft
kompliziert, weil die Wühltätigkeit der Bodentiere die Sedimentschichten durcheinanderbringt. Die Tabelle gibt die PCB-Konzentration (µg/kg Trockensediment) in Sedimenten aus der Mittleren
Nordsee und aus dem Skagerrak wieder. (Nach EDER, 1976)

| Sediment-tiefe (cm) | Mittlere Nordsee 1972 | | | | | Skagerrak 1972/73 | | |
| | 50 m Schlicksand | | | 45 m Feinsand | | 420 m Ton | 505 m Ton | |
	a	b	c	d	e	f	g	h
1	33	51	36	14	17	35	41	37
3	29	22	19	10	15	211	39	19
5	28	45	22	10	58	18	34	22
7	42	23	16	19	30	111	23	16
9	14	26	36	17	25	21	37	19
11	0	17	8	18	8	16	0	19
13	0	4	8	18	39	51	0	19
15	17	0	13			93	0	26
17	11	0	12			340		
19						27		

Tabelle 15. Beispiele von Sedimentationsraten in verschiedenen
Meeresgebieten. (Nach SEIBOLD, 1974)

Wattenmeer	20 cm/Jahr	Kontinental-abhang	10 cm/1000 Jahre
Korallenriffe	1 cm/Jahr	Globigerinen-schlamm	5 cm/1000 Jahre
Sauerstoffarme Becken vor Kalifornien	2-3 m/1000 Jahre	Roter Tief-seeton	1 cm/1000 Jahre
Schwarzes Meer	40 cm/1000 Jahre		
Bucht in der Adria	25 cm/1000 Jahre	Roter Tief-seeton im Pazifik	1 mm/1000 Jahre

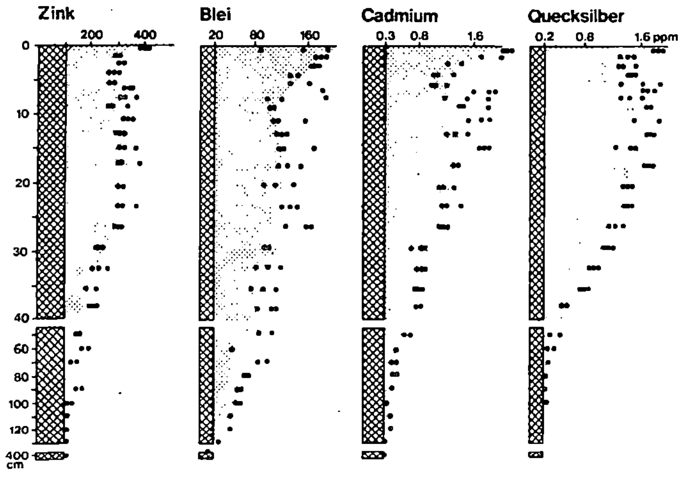

Abb. 34. Schwermetallkonzentrationen in einem Sedimentkern aus
der Deutschen Bucht, 22 m Wassertiefe. In diesem Gebiet beträgt
die natürliche Sedimentationsrate etwa 50 cm im Jahrhundert.
Durch den schraffierten Balken ist dargestellt, was als präzi-
vilisatorischer Hintergrund der Schwermetallkonzentration anzu-
sehen ist, also ohne Zutun des Menschen entstand. Bei einer Kern-
tiefe von 125 cm (entsprechend etwa einem Alter von 200 - 300
Jahren) beginnen sich bei einigen Schwermetallen höhere Konzentrationen abzuzeichnen, und besonders hohe Werte finden sich in
den oberen 20 - 40 cm. Allerdings ist noch offen, ob in diesem
Oberflächenbereich die Lebenstätigkeit von Tieren die Schwermetallkonzentration beeinflußt hat, und welche Rolle der nahe
der Oberfläche mögliche Austausch zwischen dem Porenwasser und
dem überstehenden Wasser hat. Die Angaben sind in mg/kg trockenes Sediment; berücksichtigt wurde nur die Sedimentfraktion mit
weniger als 2 μm Korngröße (Ton). (Aus FÖRSTNER u. REINECK,
1974)

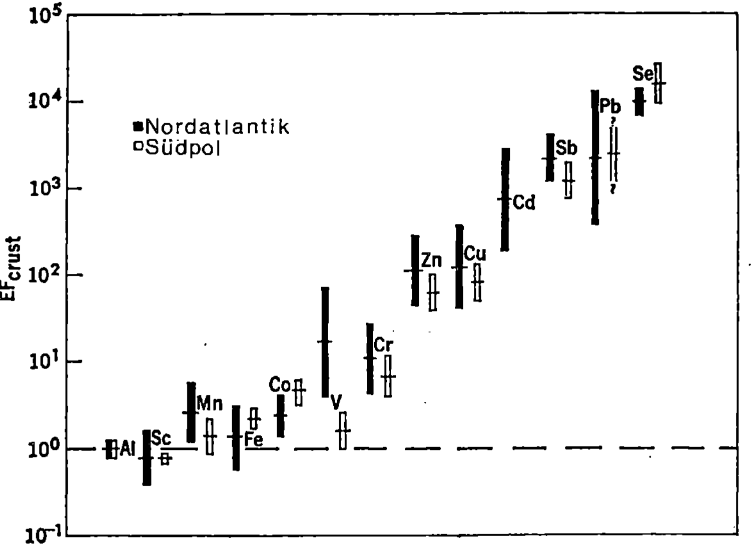

Abb. 35. In atmosphärischen Staubproben lassen sich Spurenelemente
nachweisen. Vergleicht man die Zusammensetzung dieser Staubproben
mit der durchschnittlichen Zusammensetzung von Erdkrustenmaterial,
dann kann man für die Elemente Zink, Kupfer, Kadmium, Antimon, Blei
und Selen eine starke Anreicherung feststellen. Es ist deshalb
unwahrscheinlich, daß diese Elemente mit verwittertem Gesteins-
staub in die Atmosphäre geblasen wurden; aus welchen Quellen sie
in die Atmosphäre gelangten, ist noch unbekannt. Auffällig ist,
daß in Luftproben über dem Nordatlantik und über dem Südpol die
Verhältnisse sehr ähnlich sind. Es findet jedoch nur ein geringer
Austausch zwischen den Luftmassen der Nord- und der Südhalbkugel
statt. Eine Luftverschmutzung auf der Nordhalbkugel dürfte sich
deshalb nicht in gleicher Intensität am Südpol bemerkbar machen.
Diese Überlegung spricht gegen einen anthropogenen Ursprung der
in der Luft angereicherten Spurenstoffe. Die Graphik nennt für
einige Elemente den Anreicherungsfaktor gegenüber Erdkrustenmaterial (EF_{crust}); dabei sind die Werte für Blei am Südpol fraglich. (Aus DUCE et al., 1975)

Sedimentationsprozesse sind bis vor wenigen Jahren von der Geologie
fast nur pauschal behandelt worden, indem man z.B. für bestimmte
Gebiete die Sedimentationsraten ermittelte (Tabelle 15). Durch das
neue Interesse an den Umweltchemikalien werden viel genauere Ergebnisse gefordert, weil die verschiedenen Elemente mit Tonmine-
ralien verschiedene Bindungen eingehen. Verschieden ist auch die
Reaktion je nachdem, ob die Sedimentation unter Sauerstoffbe-
dingungen oder bei Sauerstoffarmut geschieht (Abb. 30, 40).

Man darf vermuten, daß der Spurenstoffgehalt des Meerwassers in
der geologischen Vergangenheit nicht konstant war. Wenn Gebirge
entstanden waren durch Bewegungen der Erdkruste, war auch die
Erosion stark und führte große Mengen an Spurenstoffen in die
Urmeere. Sicher waren dann die Konzentrationen höher als in Zei-
ten wo der größte Teil der Erde vom Meer bedeckt war und kaum

Tabelle 16. Spurenelemente in der partikulären Substanz (Seston)
des Oberflächenwassers, gesammelt auf Schiffsreisen zwischen
Europa und dem Fernen Osten. Angegeben werden Mittelwerte im Vergleich mit Daten aus anderen Materialien, in mg/kg Trockensub-
stanz. Mangan, Kobalt und Vanadium kommen in Konzentrationen vor,
wie man sie beim Vergleich mit Erdkrustenmaterial erwarten kann.
Blei, Zink und vielleicht auch Kupfer sind jedoch stärker angereichert. (Nach CHESTER u. STONER, 1975)

	Mn	Co	V	Cu	Pb	Zn
Partikuläre Substanz (Seston) in ozeanischem Oberflächenwasser	529	13	63	109	58	220
Küstennahe Sedimente	850	13	130	48	20	95
Tiefseesedimente	4.000	38	140	130	45	130
Plankton	4-17	1-15	?	12-65	4-219	39-1.510

Erosion an Land erfolgen konnte. In diesen Perioden überwog die
Sedimentation, welche auch Spurenstoffe aus der Biosphäre heraus
in die tieferen Sedimentschichten transportierte.

Während persistente Kohlenwasserstoffe dem Menschen ihren Ursprung
verdanken, sind Schwermetalle und andere Spurenstoffe Teil der
Erdkruste. Durch vulkanische Aktivität und durch Verwitterung
der Gesteine gelangen sie in die Biosphäre und finden sich naturgegeben im Meerwasser. Erst die besondere Fragestellung Meeresverschmutzung hat das Interesse auf die geochemischen Vorgänge
gelenkt, aber in den wenigen Jahren Forschung auf diesem Gebiet
sind noch nicht hinreichend Ergebnisse gewonnen worden, aus denen
man detailliert Zulieferung aus Erosionsprozessen und Abscheidung
durch Sedimentationsprozesse in ein Verhältnis setzen könnte. Das
aber wäre nötig, um abzuschätzen, ob erhöhte, anthropogen bedingte
Zulieferung vielleicht durch erhöhte Sedimentationsraten beantwortet wird, so daß eine Erhöhung der Konzentrationen im Meerwasser nicht auftritt.

In den vergangenen Jahren sind interessante Phänomene entdeckt
worden, welche sich allerdings noch nicht schlüssig deuten lassen.
Luftstaubproben wurden über dem offenen Ozean und über der Antarktis untersucht, fern von allen Luftverunreinigungen. Vergleicht
man die Elementzusammensetzung dieser Luftstaubproben mit derje-
nigen gewöhnlichen Erdkrustenmaterials, dann sind Zink und Kupfer
60 - 100fach, Antimon und Blei 1.300 - 2.500fach, Selen sogar
18.000fach stärker konzentriert (ZOLLER et al, 1974; Abb. 35).
Es kann sich beim Luftstaub also nicht nur um Staub handeln, der
bei einem Sandsturm aufgewirbelt wurde. Weil es sich bei den genannten Elementen um besonders flüchtige handelt, ist vermutet
worden, daß sie vor allem bei Hochtemperaturprozessen in die Atmosphäre übergehen. Für Blei kann man das gut erklären, denn beträchtliche Bleimengen werden als Tetraäthylblei dem Kraftfahr-
zeugbenzin zugesetzt (s. Kapitel 8). Wieviele Spurenelemente aber
sonst einerseits bei vom Menschen verursachten Verbrennungsprozessen, andererseits durch den Vulkanismus in die Atmosphäre

gelangen und als Niederschlag die Ozeane erreichen können, ist
noch weitgehend unbekannt (Tabelle 27). Möglicherweise spielen
auch Landpflanzen eine Rolle. Sie nehmen Spurenstoffe mit ihren
Wurzeln auf und geben sie teilweise über die Blätter an die Atmosphäre ab; für Zink ist das nachgewiesen worden (BEAUFORD et
al., 1975).

Besonders hoch konzentriert sind Blei, Zink und auch Kupfer in
der partikulären Substanz, welche man aus dem Meerwasser heraus-
filtrieren kann (Tabelle 16). Die Ursache ist, daß Plankton diese
Elemente besonders stark akkumuliert. Oft bestehen enge Lagebe-
ziehungen zwischen den Lagerstätten von Erdöl und Buntmetallen;
ein Beispiel sind die bituminösen Kupferschiefer. Man kann das
so erklären, daß auch in der erdgeschichtlichen Vergangenheit
bei der Zersetzung mariner Organismen die persistenten Materialien
übrig blieben, also die Schwermetalle. Denn diese waren sicher
auch von der vorzeitlichen Lebewelt akkumuliert worden.

6.2. Stoffumwandlungen und komplizierte Giftwirkungen

Umweltchemikalien wirken toxisch auf die Lebewesen des Meeres,
beeinflussen den Stoffwechsel, reduzieren Überlebensrate, Fort-
pflanzungsleistung oder Photosynthese. Zu wenig weiß man bisher
aber über subletale Giftwirkungen und über Langzeiteffekte. Unsicher ist auch, in welchem Ausmaß man aus Laborversuchen auf
die Wirkungen im Freiland schließen kann. Denn die Toxizität z.B.
eines Schwermetalls kann ganz verschieden sein, je nach der Bin-
dungsart, in welcher das Element vorliegt.

In Gegenwart von Komplexbildnern ist die Toxizität von Schwermetallen häufig geringer als wenn die Metallsalze unmittelbar
wirken. Metallorganokomplexe werden von den Organismen nicht im
gleichen Maße aus dem Seewasser aufgenommen, und da im natürlichen
Seewasser Komplexbildner vorkommen, etwa Gelbstoffe, die Humin-
säuren enthalten, wirkt eine bestimmte Giftmenge je nach Art des
Seewassers verschieden giftig. Detergentien können dagegen eventuell Schwermetallen und anderen Giften den Weg in die Organismen
erleichtern und die Giftwirkung steigern.

Bestimmte Metallorganoverbindungen aber sind viel giftiger als
das Metall in Ionenform. Davon macht man bei Pflanzenschutzmitteln
Gebrauch und stellt hochwirksame Verbindungen her, aber auch in
den Meeressedimenten und in Organismen kommt Quecksilber als
Methylquecksilber vor, welches viel giftiger als Quecksilberchlorid ist. Auch Bleisalze werden im marinen Milieu unter mikro-
biellem Einfluß zu Methylblei umgewandelt, welches im Experiment
für Kieselalgen viel giftiger als Bleinitrat wirkt (WONG et al.,
1975). Die mikrobiellen Umwandlungen sind vielfältig. Methylquecksilber entsteht sowohl aus metallischem Quecksilber als
auch aus verschiedenen anorganischen Quecksilberverbindungen.
Bestimmte Bakterien können aber auch aus Methylquecksilber me-
tallisches Quecksilber machen (SPANGLER et al., 1973), und es
gibt Bakterienarten, welche Quecksilber (SAYLER et al., 1975)
oder Blei und Kadmium stark in ihrem Körper anreichern. Unter
anaeroben Kulturbedingungen werden manche Bakterien von Queck-

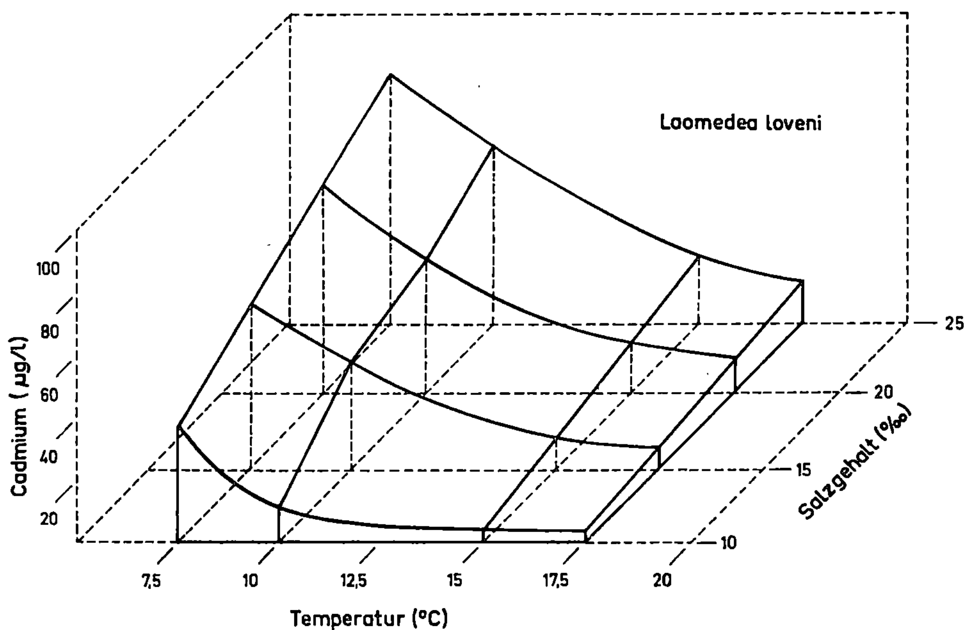

Abb. 36. Versuchstiere reagieren unterschiedlich auf Gifte, je
nachdem, bei welchen Umweltbedingungen sie gehalten wurden. Das
Diagramm zeigt, bei welcher Kadmiumkonzentration in einer Kolonie
des Hydroidpolypen *Laomedea loveni* die Hälfte der Polypenköpfe reduziert wird. Kadmium wirkt am giftigsten (unter 20 µg/l) bei
hoher Temperatur und geringem Salzgehalt. (Aus THEEDE et al., 1976)

silber nicht geschädigt, weil das zugefügte Quecksilber unmittelbar in ungiftiges Quecksilbersulfid umgesetzt wird (GILLESPIE u.
SCOTT, 1971; VOSJAN u. HOEK, 1972).

Man darf sich nicht wundern, wenn natürliche Bakterienpopulationen im Experiment unvorhersehbar auf Schwermetallzugaben reagieren: In wenigen Tagen findet eine Selektion statt. Empfindliche Arten, die nur 0,1 mg Kadmium/kg Agar-Nährsubstrat ertragen,
sterben bei höheren Giftkonzentrationen aus; dafür setzen sich
nach 2 - 3 Tagen Arten durch, welche Kadmium oder Blei speichern
und auch bei Konzentrationen von 200 mg/kg Blei oder 5 mg/kg
Kadmium noch gut gedeihen (THORMANN, 1975).

Unter natürlichen Bedingungen wirkt nicht nur ein Schadstoff auf
die Organismen ein, sondern eine ganze Palette. Nur wenig ist
bisher darüber bekannt, ob sich die Giftwirkung verschiedener
Schadstoffe addiert, ob eine Reduktion der Giftwirkung erfolgt,
oder ob eventuell auch eine synergistische, überproportionale
Schadwirkung auftritt. Die wenigen Ergebnisse sind widersprüchlich. Bei Versuchen mit dem Ciliaten *Cristigera* ergibt sich eine
Reduktion der Vermehrungsrate um 6,1 %, wenn man 150 µg/l Blei
einwirken läßt, und eine Reduktion um 8,5 % bei 2,5 µg/l Quecksilber. Wenn beide Gifte gleichzeitig wirken, wird die Vermehrungsrate nur um 9,8 % reduziert, nicht um 14,6 %, wie eine Addition

Tabelle 17. Verschiedene Populationen einer Tierart können verschieden widerstandsfähig gegen die Giftwirkung von Schwermetallen sein. In den Ästuaren Südwestenglands haben die Sedimente sehr verschiedene Schwermetallgehalte, je nach der geologischen Formation und den Bergwerksaktivitäten in der Umgebung. Es wird die Empfindlichkeit des Polychaeten *Nereis diversicolor* gegenüber Kupfer und Zink dargestellt: als Konzentration des Giftes, bei welcher im Versuch über 4 Tage die Hälfte der Versuchstiere abstirbt (96 Std LC_{50}). Tiere vom schwermetallreichen Restronguet Creek sind resistenter als Tiere vom nicht durch Schwermetalle beeinflußten Avon-Ästuar. (Nach BRYAN, 1974)

Herkunft der Tiere	Letale Konzentration (96 Std LC_{50})	
	Kupfer	Zink
Restronguet Creek	2,3 mg/l	94 mg/l
Avon-Ästuar	O,5 mg/l	55 mg/l

ergibt (GRAY, 1974). Wenn man allerdings höhere Giftkonzentrationen verwendet, ändert sich das Bild, und es ergeben sich Giftwirkungen, welche viel stärker als die rechnerische Addition sind.

Auch die übrigen Umweltfaktoren müssen berücksichtigt werden. Ein Organismus, welcher unter günstigen Bedingungen lebt, ist in der Regel widerstandsfähiger als ein Tier unter Stress (Abb. 36, Tabelle 17). Schließlich muß noch berücksichtigt werden, daß für den Fortbestand einer Art in einem Lebensraum die Toleranz des empfindlichsten Stadiums ausschlaggebend ist. Oft sind Meerestiere beim Schlüpfen aus dem Ei oder bei der Metamorphose besonders empfindlich.

Alle Experimente werden auch dadurch beeinflußt, daß sie in kleinen Gefäßen durchgeführt werden müssen, wo sich möglicherweise Giftstoffe an den Gefäßwandungen anlagern, statt im Versuchswasser wirksam zu sein. Schließlich wirken auch die Versuchsorganismen selbst in oft unkontrollierbarer Weise auf die Giftstoffe ein. Manchmal speichern sie Giftstoffe so intensiv, daß das Versuchswasser selbst an Gift verarmt, und manchmal wandeln sie das Gift in eine Form um, die sich anders verhält, als es der Experimentator erwartet: Quecksilberchlorid in wäßriger Lösung z.B. ist wenig flüchtig, die Konzentration bleibt annähernd gleich, auch wenn man ein Versuchsbecken durchlüftet. Wenn aber eine Algenkultur im Versuchswasser lebt, verschwindet das Quecksilber aus dem System umso schneller, je dichter die Algenkultur ist. Weder im Versuchswasser noch an den Wänden der Gefäße noch in den Algen selbst läßt sich das Quecksilber finden. Die Erklärung ist, daß die Algen Quecksilberchlorid in flüchtige Quecksilberorganoverbindungen überführt haben, welche dann mit dem Luftstrom der Aquarienbelüftung aus dem System entwichen sind. Dieses Beispiel lehrt, wie vorsichtig man bei der Deutung von Toxizitätsversuchen mit Schwermetallen sein muß (BEN-BASSAT u. MAYER, 1975).

6.3. Akkumulation

Einige Schwermetalle und andere Spurenstoffe, radioaktive Elemente und einige Chlorkohlenwasserstoffe werden von Organismen so intensiv aufgenommen, daß aus stärksten Verdünnungen im Seewasser sich beträchtliche Konzentrationen im Körpergewebe der Organismen ergeben. Früher war solche Akkumulation als Kuriosum vermerkt worden: Man lernte, daß Manteltiere (Tunicata) das Element Vanadium speichern. Später erkannte man, daß eine Reihe von Spurenelementen für biochemische Prozesse essentiell sind, besonders für den Vitamin- und Enzymaufbau. Dazu gehören Kupfer, Zink, Kobalt und Mangan, und es ist einleuchtend, daß Organismen, wenn sie diese Stoffe benötigen, Einrichtungen haben müssen, welche die Akkumulation aus stärksten Verdünnnungen ermöglichen.

In den vergangenen Jahren der Forschung über Probleme der Meeresverschmutzung wurde klar, daß auch eine Akkumulation von solchen Elementen und organischen Verbindungen erfolgt, welche nach der gegenwärtigen Kenntnis keine Funktion im Stoffwechsel der Organismen haben, ja im Gegenteil Schadwirkungen zeigen können. Auch hier ist die Forschung (über vordergründige Ergebnisse hinaus) erst am Anfang, um die offenbar von Stoff zu Stoff verschiedenen Mechanismen der Aufnahme zu klären, den Ort der Speicherung zu lokalisieren, und die Mechanismen der Ausscheidung zu erkennen. Auch hierüber wird sich erst in einigen Jahren sicherer urteilen lassen. Vorerst haben ja im Mittelpunkt des Interesses nur die Stoffgruppen gestanden, welche unmittelbar für Speisefisch als Nahrungsmittel des Menschen eine Bedeutung zu haben scheinen.

DDT ist in den geringsten Konzentrationen, mit denen es im Meerwasser vorkommt, nur schwer analytisch nachzuweisen und genau quantitativ zu bestimmen. Im Experiment jedoch kann man radioaktiv markiertes DDT verwenden, denn auch geringste Dosierungen der Radioaktivität lassen sich leicht messen, und der Verbleib des radioaktiv markierten DDT läßt sich verfolgen. Wenn im Aquariumswasser nur 0,01 µg/l DDT vorhanden sind, nehmen marine Meereswürmer (*Lanice*) in 3 Tagen soviel DDT in ihren Körper auf, daß dort mehr als die 200fache Konzentration, bezogen auf Feuchtgewicht, erreicht wird. Bei längerer Laufzeit der Experimente ergeben sich höhere Konzentrationssteigerungen (ERNST, 1972; Tabelle 18). Allgemein kann man sagen, daß DDT in Organismen mehrtausendfach angereichert ist, in Fischen 10 - 100.000fach. Allerdings wird DDT nicht nur aus dem Wasser aufgenommen, sondern gelangt auch über die Nahrung in den Organismus. Für Chlorkohlenwasserstoffe ist noch nicht hinreichend genau bekannt, welche Bedeutung den beiden Aufnahmewegen zukommt (s. auch Kapitel 10.2).

Weil Blei auf viele Meeresorganismen nicht sehr giftig wirkt (s. Kapitel 8), lassen sich leicht Experimente über die Akkumulation durchführen. Miesmuscheln (*Mytilus edulis*) nehmen Blei sowohl aus dem umgebenden Seewasser als auch aus der Nahrung auf, also mit einzelligen Algen, welche aus dem Wasser herausfiltriert werden. Natürlich wird normalerweise auch der Bleigehalt der Algen durch den Bleigehalt des Seewassers beeinflußt, aber im Experiment kann man beide Schwermetallquellen trennen. Bei Versuchen, welche über 40 Tage laufen, ergeben sich im logarithmischen Maßstab scheinbar geradlinige Beziehungen zwischen Aufnahmeraten und

Konzentrationen (Abb. 37, S. 74). Tatsächlich aber verringert sich die Aufnahmerate später, und man kann abschätzen, daß nach etwa 230 Tagen ein Gleichgewicht hergestellt ist, bei dem sich Aufnahmerate und Abgaberate die Waage halten.

Am natürlichen Standort kann man voraussetzen, daß eine Miesmuschel im Gleichgewicht mit den Verhältnissen im Wasser lebt, vorausgesetzt, daß diese nicht zu stark schwanken. Der Bleigehalt in den Körpergeweben der Muschel ist 7.000mal höher als der Bleigehalt des Wassers (oder 35.000mal, wenn man auf Trockengewicht bezieht; SCHULZ-BALDES, 1974).

Solche Gesetzlichkeiten der Schadstoffkonzentration in Organismen haben große praktische Bedeutung. Denn vielfach ist es mit den heutigen Methoden noch nicht möglich, geringe Konzentrationen im Seewasser direkt zu bestimmen, oder es sind doch die Messungen sehr aufwendig. Viel leichter ist es, die höheren Konzentrationen in Organismen zu analysieren, bei Spurenelementen mit der Atomabsorptionsspektroskopie, bei Organochlorverbindungen mit dem Gaschromatographen. Organismen können deshalb zum "Monitoring" der Umweltverschmutzung herangezogen werden (Abb. 43). Miesmuscheln sind dafür wohl besonders geeignet, weil es sich um festsitzende Organismen handelt, welche die Verhältnisse im Umgebungswasser über längere Zeiträume hinweg integrieren, und weil die verschiedenen Arten weltweit verbreitet sind.

Austern haben für Quecksilber einen Konzentrationsfaktor von mehr als 1.200, auf Feuchtgewicht bezogen, und die Gleichgewichtsreaktion mit dem umgebenden Seewasser tritt im Versuch bereits nach 50 Tagen ein (Abb. 38, S. 75). Für jeden einzelnen Stoff liegen die Verhältnisse verschieden, und auch von Art zu Art haben die Organismen verschiedene Konzentrationsfaktoren.

Wenn man Algenkulturen mit Blei versetzt, dann wird zunächst innerhalb weniger Minuten eine von der Konzentration des Bleis abhängige Bleimenge von den Oberflächen der Algenzellen adsorbiert. Das scheint kein aktiver Vorgang zu sein, sondern wird von den physikochemischen Eigenschaften der Zelloberfläche bewirkt. Die Zugabe von Komplexbildnern (EDTA) verhindert die Bleianlagerung, und innerhalb der ersten beiden Tage kann man mit EDTA auch noch beträchtliche Bleimengen von den Algen abwaschen. In der zweiten Phase findet dann entweder eine Diffusion des Bleis in die Algenzelle statt oder Blei wird aktiv aufgenommen. Dann bilden sich auch Gleichgewichte zwischen der Bleiaufnahme und -abgabe an das Seewasser. Verschiedene Algen, wie *Platymonas* und *Phaeodactylum*, verhalten sich verschieden (SCHULZ-BALDES u. LEWIN, 1976).

Wenn man Bakterienkulturen als Futter für Akkumulationsexperimente mit filtrierenden Meerestieren benutzt, muß man berücksichtigen, daß metallspeichernde Arten unter den Bakterien selektiert werden. Man erhält natürlich höhere Quecksilberaufnahmeraten, wenn man Bakterien verfüttert, die Quecksilber stark anreichern (SAYLER et al., 1975).

Tabelle 18. Auch aus geringen Konzentrationen im Wasser nehmen Organismen Chlorkohlenwasserstoffe auf und akkumulieren sie so lange, bis ein Gleichgewichtszustand zwischen Stoffaufnahme und Stoffabgabe hergestellt ist. Als Konzentrationsfaktor kann man das Verhältnis zwischen der Konzentration im Wasser und der Konzentration im Organismus errechnen. Wo nicht anders angegeben (Tr. = Trockengewicht), beziehen sich die Zahlen auf das Feuchtgewicht. (Daten verschiedener Autoren nach ERNST, 1975a und b)

Stoff	Versuchsorganismus	Tage	Konzentration (μg/l)	Konzentrationsfaktor
DDT	*Cyclotella nana* (Diatomee)		0,7	37.000 (Tr.)
	Skeletonema costatum (Diatomee)		0,7	32.000 (Tr.)
	Amphidinium carteri (Peridinee)		0,7	4.300 (Tr.)
	Mya arenaria (Muschel)	5	0,1	8.800
	Mercenaria mercenaria (Muschel)	5	0,1	1.260
	Nereis diversicolor (Polychaet)	5	0,3	2.033
			0,75	1.653
			3,0	1.400
	Lanice conchilega (Polychaet)	3	0,009	233
			0,06	208
			0,11	273
		31	2,24	2.300
	Penaeus (Garnele)	13	0,14	1.500
	Euphausia pacifica (pelagischer Krebs)	0,1	0,005	1.100
			0,020	1.100
			0,033	1.200
	Lagodon, Micropogon (Brackwasserfische)	14	0,1-1,0	10.000-
Dieldrin	*Mya arenaria*	5	0,5	1.740
	Mercenaria mercenaria	5	0,5	760
Endrin	*Mya arenaria*	5	0,5	1.240
	Mercenaria mercenaria	5	0,5	480
Heptachlor	*Mya arenaria*	5	0,5	2.600
	Mercenaria mercenaria	5	0,5	220
Methoxychlor	*Mya arenaria*	5	0,5	1.500
	Mercenaria mercenaria	5	0,5	470
Lindan	*Dunaliella* (Alge)		1-300	647
	Mya arenaria	5	5,0	40
	Mercenaria mercenaria	5	5,0	13
	Mytilus edulis (Muschel)	4-6	0,78	105
			1,9	81
			2,5	99
	Lanice conchilega	3	0,015	327
		7	0,1	294
PCB (Aroclor) 1254)	*Crassostrea virginica* (Muschel)	175	1	101.000
		168	5	85.000

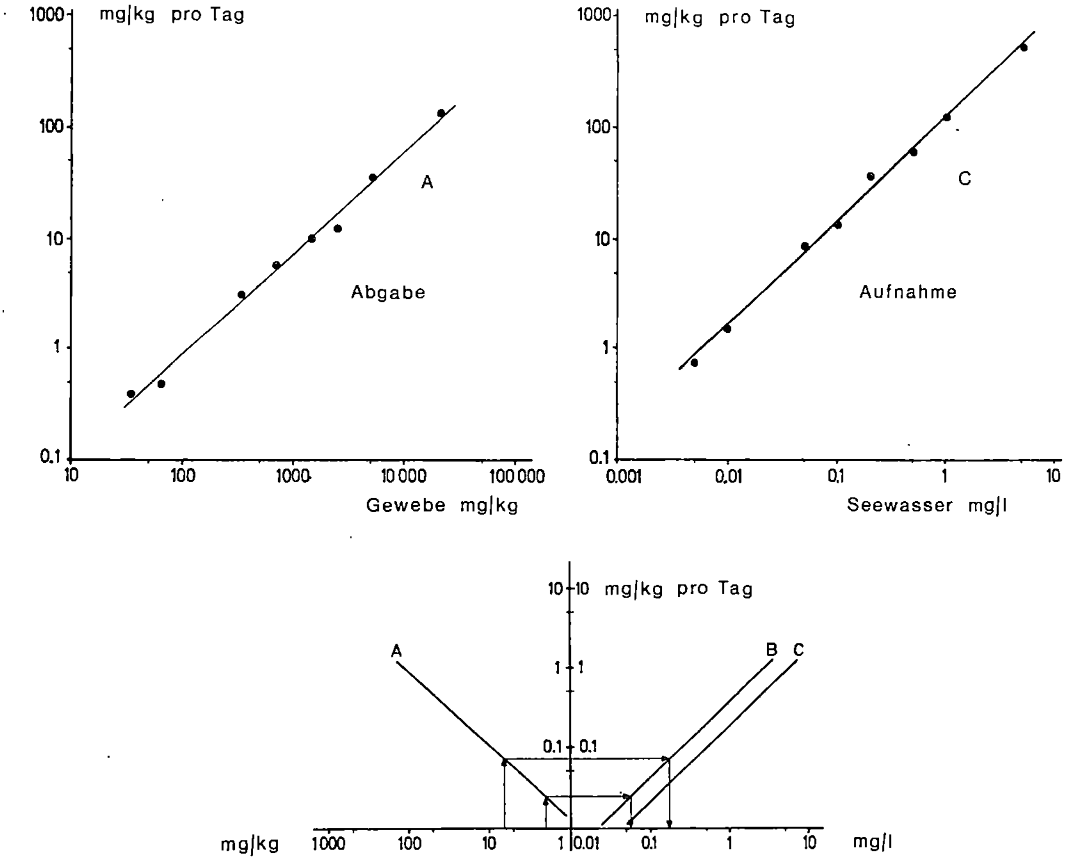

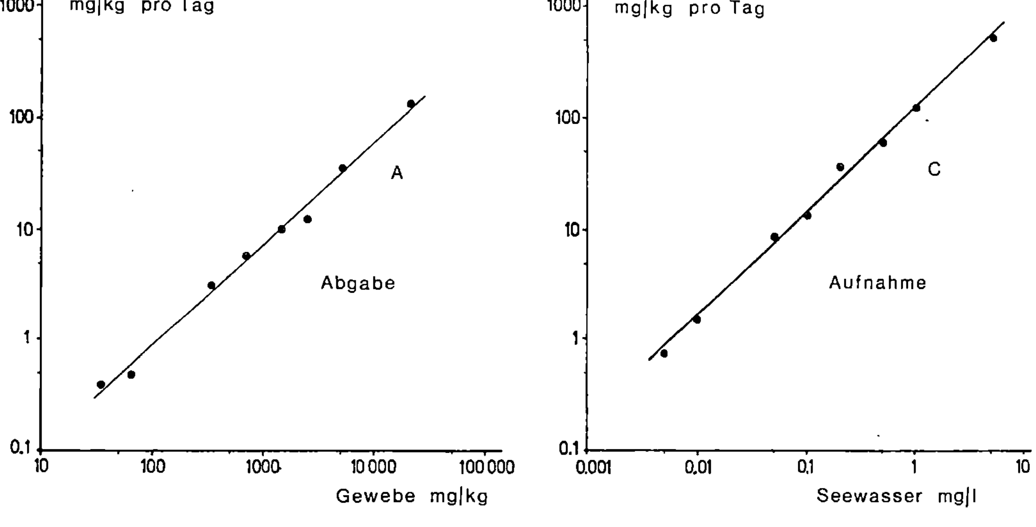

Abb. 37. Hält man Miesmuscheln (*Mytilus edulis*) in Seewasser, dem
Bleinitrat zugefügt wurde, dann ergeben sich einfache Beziehungen
zwischen der Aufnahmerate (bezogen auf Muschelweichkörper-Trocken-
gewicht) und der Bleikonzentration im Seewasser (mg/l). Hält man
anschließend die Muscheln in gewöhnlichem Seewasser, dann wird
Blei von den Muscheln an das Seewasser abgegeben. Wieder ergeben
sich einfache Beziehungen zwischen der Abgaberate und dem Bleigehalt des Muschel-Weichkörpers. Die Versuche, auf denen die Daten
fußen, wurden über 40 Tage durchgeführt. Erst nach etwa 100 Tagen
verringern sich die Raten deutlich, und nach etwa 230 Tagen dürfte
sich ein Gleichgewicht zwischen Aufnahme- und Abgaberate eingestellt haben.
Setzt man die Blei-Aufnahmerate und die Blei-Abgaberate (obere
Figuren) miteinander in Beziehung, dann ergeben sich die Geraden
A und C der unteren Figur. Miesmuscheln nehmen aber Blei nicht
nur aus dem Seewasser, sondern auch mit den Nahrungsalgen auf.
Das ist in Gerade B berücksichtigt worden. Über die Aufnahme-
Abgabe-Raten korrespondiert jeder Wert "Bleikonzentration im
Seewasser" (mg/l) mit einem bestimmten Wert "Bleikonzentration
im Gewebe" (mg/kg). Pfeile verweisen auf Bleikonzentrationen in
Muscheln von Helgoland und aus dem Weser-Ästuar (Abb. 46). Die
entsprechenden Bleikonzentrationen im Seewasser wurden nicht gemessen, in ihrer Größenordnung entsprechen sie aber Analysen in
verschiedenen anderen Küstenregionen. (Nach SCHULZ-BALDES, 1974)

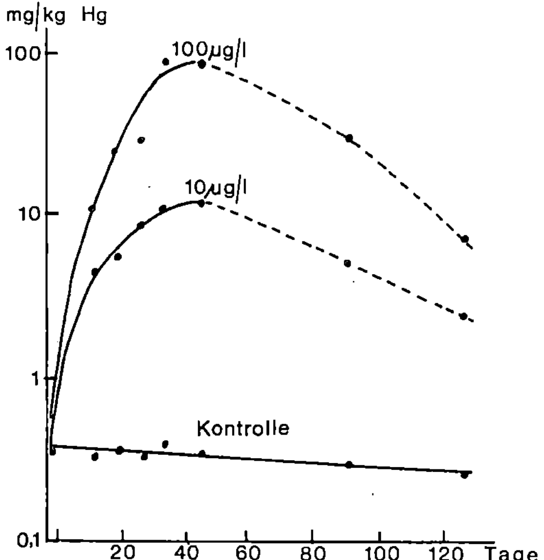

<u>Abb. 38.</u> Austern (*Crassostrea virginica*) wurden täglich für 16 Std
in mit Quecksilber versetztem Seewasser gehalten, die übrigen
8 Std stand ihnen nicht belastete Algennahrung zur Verfügung.
Unter diesen nicht wirklichkeitsnahen Bedingungen akkumulierten
sie aus 10 µg/l Quecksilber im Seewasser innerhalb von 45 Tagen
12,1 mg/kg Quecksilber im Weichkörper (Feuchtgewicht). Der entsprechende Wert für die Konzentration 100 µg/l ist 96,8 mg/kg
nach 34 Tagen. Hält man die Austern anschließend in nicht be-
lastetem Seewasser, dann verringert sich ihr Quecksilbergehalt
in 45 Tagen um 56 %, in 80 Tagen um 80 %. (Nach CUNNINGHAM u.
TRIPP, 1975)

6.4. Voraussetzungen für eine globale Meeresverschmutzung

In den vergangenen Jahrzehnten hat die Menschheit lernen müssen,
in weltweiten Maßstäben zu denken. Zwar verdrängen wir den Alp-
traum, daß die vorhandenen nuklearen Kriegswaffen hinlänglich
sind, die Erde zu zerstören, aber wohl jeder weiß inzwischen,
daß die Ressourcen an Rohstoffen, Nahrungsmitteln und Energie
begrenzt sind. Der vom Fernsehen übertragene Blick aus dem Raum-
schiff hat sichtbar gemacht, wie verwundbar die Hülle aus Luft
und Wasser ist, welche allein als Biosphäre das Leben auf der
Erde garantiert. Berechnungen werden angestellt, in welchem Umfang die Belastung der Atmosphäre mit Staub und Kohlendioxid den
Einfluß der Sonnenstrahlung verändert und wie stark Wärmeproduk-
tion durch fossile Brennstoffe und Kernenergie das Weltklima beeinflußt. Es müssen aber auch Überlegungen darüber angestellt
werden, ob die Emission giftiger Chemikalien bereits einen Umfang
erreicht hat, der weltweit bedenkliche Auswirkungen haben könnte.
Die Ozeane bedecken 71 % der Erdoberfläche: Sie sind der Spiegel
für die Gesundheit des Planeten Erde; der Meeresforschung ist in
den letzten Jahren die Rolle zugefallen, eine Diagnose für den
Gesundheitszustand der Erde zu stellen.

Tabelle 19. Die Flächenausdehnung der Weltmeere und ihrer Tiefenstufen. (Nach SEIBOLD, 1974)

Weltmeere	Tiefenstufe (m)	Millionen km^2	Prozent der Eroberfläche
Kontinentalschelf	0- 200	27,1	5,3
Kontinentalhang	200- 1.000	16,0	3,1
	1.000- 2.000	15,8	3,1
Kontinentalfuß	2.000- 3.000	30,8	6,1
	3.000- 4.000	75,8	14,8
Tiefsee	4.000- 5.000	114,7	22,6
	5.000- 6.000	76,8	15,0
Gesenke (Tiefsee- gräben)	6.000- 7.000	4,5	0,9
	7.000-11.000	0,5	0,1
Meere insgesamt		362,0	71,0

	Atlantik	Indik	Pazifik
Mittlere Wassertiefe	4.188 m	3.767 m	3.872 m
Ausdehnung	Millionen km^2	Millionen km^2	Millionen km^2
Kontinentalschelf	6,1	2,6	2,7
Kontinentalhang	6,6	3,5	8,6
Kontinentalfuß	5,4	4,2	2,7
Tiefsee	68,1	62,8	147,5
Gesenke	0,4	0,3	4,8
insgesamt (ohne Nebenmeere)	86,6	73,4	166,2

Die Meeresverschmutzung durch häusliche Abwässer, durch industrielle Einleitungen und durch die Versenkung giftiger Stoffe von Schiffen aus hat überwiegend regionale Effekte. Auf der Meeresoberfläche treibender Teer und Plastikmüll aber nimmt bereits globale Ausmaße an. Wann kann man damit rechnen, daß ein Problem der Meeresverschmutzung weltweit wirkt?

Die Weltozeane haben eine Fläche von etwa 360 Millionen km^2 oder $3,6 \cdot 10^{14}$ m^2 (Tabelle 19). Bei einer mittleren Wassertiefe von etwa 3.700 m sind insgesamt in den Weltmeeren etwa $1,4 \cdot 10^{18}$ m^3 Seewasser enthalten. Die biologisch wichtigste 100 m mächtige Oberflächenschicht enthält etwa $3,6 \cdot 10^{16}$ m^3 Seewasser.

Nach den gegenwärtigen Kenntnissen kann vielleicht bereits dann von Schadstoffen eine Schadwirkung ausgehen, wenn die Konzentration nur 0,001 µg/l oder 0,001 mg/m^3 beträgt. Wenn dieser Stoff weltweit wirken soll, dann müßten bei gleichmäßiger Verteilung in der gesamten Wassermenge der Weltozeane 1,4 Millionen Tonnen

davon vorliegen. Soll diese Konzentration zunächst nur in der
100 m mächtigen Oberflächenschicht wirken, dann reichen dazu
36.000 t. Diese Zahlen sollen nur als Gedankenexperiment einen
Anhalt geben für die Größenordnungen, mit welchen zu rechnen ist.
Sie berücksichtigen nicht eine Schadstoffelimination aus dem
Meer durch Sedimentation, und sie setzen absolute Persistenz
voraus. In der Praxis wird auch die Verteilung selten über die
ganze Erde hin gleichmäßig sein.

Daß auf der hohen See, weit entfernt von Küsten und Schiffahrts-
routen, inzwischen Zivilisationsschmutz unübersehbar geworden
ist, zeigen Beobachtungen der Wissenschaftler eines Forschungs-
schiffes auf der Reise durch den Nordpazifik: In 8 Std über-
blickten sie 12,5 km^2 Meeresoberfläche, während das Schiff 156 km
weit fuhr; sie zählten 6 Plastikflaschen und 22 Plastikfragmente,
4 Glasflaschen und 12 Fischerkugeln, 1 Stück Tauwerk, 1 meteoro-
logischen Ballon, 1 Stück bearbeitetes Holz und 1 Schuhbürste,
1 Sandale, 3 Stück Papier und 1 Kaffeekanne (VENRICK et al.,
1973).

An den Badestränden ärgern nicht nur Teerklumpen die Feriengäste,
sondern alle Arten von Plastikmaterial. Für die Kleinschiffahrt
sind treibende Plastikfolien eine Gefahr, denn die können sich um
den Schiffspropeller wickeln. Bei einem spezifischen Gewicht von
0,92 treiben die Folien zunächst auf der Meeresoberfläche. Unter
der Einwirkung der Sonnenstrahlung verändert sich das Material
und wird schwerer, und wenn sich dann kalkschalige Moostierchen
(Bryozoen) darauf ansiedeln, sinken die Folien auf den Meeresboden. Dort stören sie; im Skagerrak geschieht es kaum noch, daß
die Fischer nicht Stücke von Plastikfolien finden, wenn sie die
Netze aus 180 - 400 m Wassertiefe herausholen (HOLMSTRÖM, 1975).

7. Ist Quecksilber ein Problem der globalen Meeres- verschmutzung?

7.1. Grenzwerte für den Quecksilbergehalt in Speisefischen

Wo Industriewerke quecksilberhaltige Abwässer in das Meer leiten, akkumuliert sich das Gift in Fischen und anderen Organismen (s. Kapitel 3.2). In der Bucht von Minamata hatten die Fische Queck- silberkonzentrationen von 10 mg/kg, bezogen auf das Feuchtge- wicht; Menschen aßen täglich mehr als 200 g Fisch, nahmen also mehr als 2 mg Quecksilber/Tag auf und erkrankten: 46 Menschen starben, weitere sind hilflose Krüppel geworden (LÖFROTH, 1970). Nur rechtzeitiges Erkennen der Gefahr hat verhindert, daß auch in anderen Ländern, etwa in Schweden, quecksilberverseuchter Fisch zu tödlichen Vergiftungen führte. Wie gefährlich Quecksil- ber ist, zeigte sich 1972 im Irak: Mehr als 6.500 Menschen hatten Brot gegessen, welches aus mit Quecksilber gebeiztem Saatgetreide gebacken worden war. 459 Menschen starben. Erste Krankheits- symptome traten bei Menschen auf, welche 25 - 40 mg Quecksilber aufgenommen hatten. Dieser Wert deckt sich mit früheren schwedi- schen Berechnungen (BAKIR et al., 1973). Im Blut des Menschen sind dann etwa 0,5 µg Hg/ml nachweisbar, im Haar werden mehr als 50 mg/kg gefunden. Personen mit akuter Quecksilbervergiftung haben Werte in der Größenordnung von 3 - 5 µg/ml im Blut, 300 - 700 mg/kg im Haar.

Angesichts dieser Tatsache mußten die Regierungen Maßnahmen er- greifen und Grenzwerte festsetzen für den zulässigen Quecksilber- gehalt in Nahrungsmitteln, besonders im Speisefisch; denn Fisch ist als Quecksilberquelle für den Menschen an erster Stelle zu nennen. Zwar nimmt zwangsweise jeder Mensch mit allen möglichen Nahrungsmitteln auch etwa bis zu 0,01 mg Quecksilber am Tag auf. Dagegen läßt sich kaum etwas unternehmen, weil Quecksilber in Gewässern und Gesteinen allgegenwärtig ist (SAHA, 1972). Durch den Genuß quecksilberverseuchter Fische kann diese Menge aber leicht vervielfacht werden, und das ist gefährlich (Tabelle 20).

Es ist außerordentlich schwierig, eine Grenze des Quecksilberge- haltes festzusetzen, der in Seefisch tolerierbar ist: Die Grenze müßte zudem in Japan und Norwegen, wo viel Fisch gegessen wird, niedriger liegen als in der Bundesrepublik, in Schweden und in Großbritannien. Als aus Japan bekannt wurde, daß Fische der Mi- namata-Bucht 50 mg/kg Quecksilbergehalt hatten, empfahl das schwedische Gesundheitsministerium einen Sicherheitsfaktor 100, also einen Höchstwert von 0,5 mg/kg. Als dann aber bekannt wurde, daß im Vänern-See viele Fische diese Grenze überschritten, wurde sie auf 1 mg/kg heraufgesetzt und ist seitdem in dieser Höhe maßgebend. Übersehen wurde dabei jedoch, daß sich die japanischen Angaben auf Trockengewicht beziehen, während man in Schweden, wie auch in den meisten anderen Ländern, den Gehalt auf das

Tabelle 20. Strandläufer brüten in den Tundra-Gebieten der Arktis
fern vom Meer. Ihre Nahrung enthält dort wenig Quecksilber, und
deshalb ist die Quecksilberkonzentration im Körpergewebe der
Strandläufer gering, wenn sie im Herbst zu den Wattengebieten
der südlichen Nordsee ziehen. Je länger sie sich dort von Watt-
krebsen (*Corophium*), Muscheln (*Macoma*), Wattschnecken (*Hydrobia*)
und Borstenwürmern (*Nereis*) ernähren, umso höher steigt die Quecksilberkonzentration. Die Tabelle gibt Daten vom Knutt-Strand-
läufer (*Calidris canutus*) aus den Wattengebieten des Wash in Süd-
ostengland in mg Hg/kg Leber-Trockengewicht (Variationsbreite
in Klammern). (Nach PARSLOW, 1973)

Datum	Quecksilberkonzentration
August	1,0 (0,4 - 1,5)
Oktober	1,3 (0,8 - 1,7)
Januar	7,3 (6,6 - 8,0)
Februar	9,8 (5,1 - 12,9)
März	14,4 (5,6 - 24,9)

Frischgewicht der Fische bezieht. Das wurde in Schweden erst im
Februar 1968 bei einem öffentlichen Hearing bekannt (ACKEFORS et
al., 1970; UI, 1971) und bedeutet, daß die Fische von Minamata
nur etwa 10 mg/kg Quecksilber aufwiesen, auf Feuchtgewicht bezogen, denn Fisch besteht zu etwa 80 % aus Wasser. Läßt man Fische mit 1 mg Quecksilber/kg Feuchtgewicht zu, dann hat man nur
noch einen Sicherheitsfaktor von 10; allerdings muß man einkal-
kulieren, daß in Schweden weniger Fisch als in Japan gegessen
wird. Eine schwedische Wissenschaftlergruppe (BERGLUND et al.,
1971) schätzt nach verschiedenen Befunden, daß eine gefährliche
Erhöhung des Quecksilberspiegels dann auftreten kann, wenn ein
Mensch täglich zusätzlich zu der allgemeinen Nahrung mehr als
0,3 mg Quecksilber aufnimmt. Rechnet man eine 10fache Sicherheit,
dann dürfen nicht mehr als 0,03 mg täglich aufgenommen werden.
Ein Normalverbraucher, täglich im Schnitt 30 g Fisch essend,
könnte dann auch Fisch mit 1 mg/kg Quecksilber[2] konsumieren, denn
in 30 g solchen Fisches sind nur 0,03 mg Quecksilber enthalten.
Man muß aber auch an Menschen denken, die besonders viel Fisch
essen, und dann sind 1 mg/kg als Grenzwert bedenklich. In den USA,
Kanada, Großbritannien und der Bundesrepublik liegt der Fischkon-
sum bei unter 30 g pro Kopf und Tag, in Schweden ist er doppelt,
in Japan 3mal so hoch. In den USA, in Kanada und in der Bundesrepublik gelten 0,5 mg/kg als Grenze. In Großbritannien hat man
keine Toleranzen gesetzt, weil man nüchtern feststellt, es habe
sich in letzter Zeit keine erhöhte Bedrohung ergeben; bisher sei
der Bevölkerung Fisch gut bekommen, also bestehe kein Grund zur
Aufregung.

---

[2] Alle folgenden Konzentrationsangaben beziehen sich auf Feuchtgewicht.

Tatsächlich mag es genügen, den Fischfang in solchen Küstengebieten zu verbieten, wo erhöhte Quecksilberkonzentrationen in Sediment und Organismen bekannt geworden sind.

7.2. Quecksilber in ozeanischen Robben, Seevögeln und Thunfischen

In den letzten Monaten des Jahres 1970 wurde die Öffentlichkeit durch Pressemeldungen über Quecksilber alarmiert: Hohe Konzentrationen waren auch in solchen Meerestieren gefunden worden, welche fern von jeder industriellen Einleitung in offensichtlich unbeeinflußten Meeresgebieten leben. Es mutet wie eine Ironie des Schicksals an: Quecksilber wurde in dem Leberextrakt gefunden, den eine amerikanische Firma als besonders naturreines Produkt liefern wollte, weswegen sie die Leber von Pelzrobben (*Callorhinus ursinus*) von den Pribiloff-Inseln im Nordpazifik dafür verwendete. In der Leber erwachsener Tiere sind aber 3 - 19 mg/kg Quecksilber vorhanden. Das ist weniger als man in der Leber von Pelzrobben findet, welche an den Küsten des Staates Washington leben (bis 172 mg/kg), aber doch mehr als in anderen Meerestieren, und die Frage muß beantwortet werden, wie solche hohen Konzentrationen entstehen (ANAS, 1974).

Inzwischen ist bekannt, daß Robben und Wale ganz allgemein stark mit Quecksilber belastet sind, am stärksten natürlich nahe den Küsten; aber auch in rein ozeanischen Tieren finden sich beträchtliche Konzentrationen. So wurden in der Leber von an der kalifornischen Küste gestrandeten Grindwalen (*Globicephalus*) 8 - 24 mg/kg analysiert (ANON, 1971b), in der Leber englischer Kegelrobben (*Halichoerus grypus*) 66 mg/kg (JONES et al., 1972), in vor der niederländischen Küste gefangenen Delphinen 200 - 700 mg/kg (Abb. 39), in vor der deutschen Nordseeküste gefangenen Seehunden (*Phoca vitulina*) 250 - 320 mg/kg (KOEMAN et al., 1973) und in südkalifor-

Tabelle 21. Nach den bisherigen Kenntnissen hat der mit dem Schwertfisch verwandte Marlin (*Makaira indica*) die höchsten Quecksilberkonzentrationen von allen Fischen. Die Tiere wiegen bis zu 500 kg und sind bei Sportfischern in den Meeresgebieten von Nordostaustralien begehrt. Japanische Fischer landeten 1970 etwa 44.000 Exemplare in Japan an. Die Zahlen sind in mg/kg Feuchtgewicht (Variationsbreite in Klammern). (Nach MACKAY et al., 1975)

Spurenstoff	Muskulatur	Leber
Zink	8,6 (5,8 - 14,6)	47,5 (4,0 - 375,0)
Quecksilber	7,3 (0,5 - 16,5)	10,4 (0,3 - 63,0)
Selen	2,2 (0,4 - 4,3)	5,4 (1,4 - 13,5
Kadmium	0,9 (0,05 - 0,4)	9,2 (0,2 - 83,0)
Arsen	0,6 (0,1 - 1,6)	1,0 (0,1 - 2,7)
Blei	0,6 (0,1 - 0,9)	0,7 (0,4 - 1,1)
Kupfer	0,4 (0,3 - 1,2)	4,6 (0,5 - 22,0)

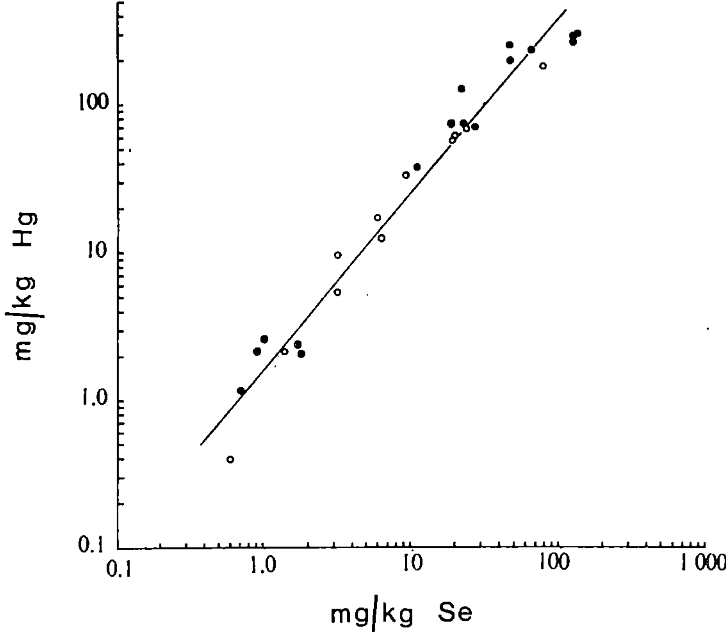

Abb. 39. Robben und Wale weisen extrem hohe Konzentrationen von
Spurenstoffen auf. In der Leber von 5 niederländischen Seehunden
(*Phoca vitulina*) wurden folgende Werte analysiert (in mg/kg Feuchtgewicht): Quecksilber 257 - 326 mg/kg, Selen 46 - 134 mg/kg, Zink
25 - 34 mg/kg, Arsen 0,2 - 1,7 mg/kg, Kadmium 0,05 - 0,3 mg/kg und
Antimon weniger als 0,01 mg/kg. Es besteht eine enge Korrelation
zwischen den Konzentrationen an Quecksilber und Selen sowohl in
der Leber von niederländischen Seehunden (Punkte) als auch in
der Leber von Delphinen und Tümmlern verschiedener Herkunft (Kreise). In Experimenten mit Ratten und Wachteln hat Selen die Giftwirkung von Quecksilberverbindungen herabgesetzt. (Aus KOEMAN et al.,
1973)

nischen Seehunden (*Phoca vitulina*) bis 700 mg/kg (ANAS, 1974).
Auch bei Seevögeln sind die Werte hoch; sie liegen bei britischen Gänsesägern (*Mergus merganser*), Lummen (*Uria aalge*), Drei-
zehenmöwen (*Rissa tridactyla*), Eissturmvögeln (*Fulmarus glacialis*),
Raubmöven (*Stercorarius*) und Eiderenten (*Somateria mollissima*) regelmäßig im Bereich bis 1 - 5 mg/kg und gelegentlich bis 20 mg/kg
(DAKE et al., 1973). In Finnland erkrankte eine Frau an Quecksilbervergiftung, nachdem sie größere Mengen Eier des Gänsesägers
gegessen hatte, weit von allen Abwassereinflüssen entfernt auf
einer einsamen Schäre gesammelt (NUORTEVA, 1971).

Die Öffentlichkeit ist vor allem am Thunfisch (*Thunnus*) inter-
essiert, nachdem in verschiedenen Ländern Thunfischkonserven
deswegen beschlagnahmt worden waren, weil in ihnen mehr als 0,5
mg/kg Quecksilber enthalten war. Thunfischkonserven, welche die
Bundesforschungsanstalt für Fischerei in Hamburg untersuchte,
hatten zwar zur Hälfte weniger als 0,2 mg/kg Quecksilber (28
Proben), weitere 20 Proben lagen zwischen 0,2 und 0,4 mg/kg,

7 Proben bei 0,4 - 0,5 mg/kg und nur eine bei 0,9 mg/kg (MUNDT
u. FELDT, 1971), doch wurden bei anderen Untersuchungen hohe
Werte um 1 mg/kg immer einmal wieder bei Thunfischen verschiedener Herkunft angetroffen, vor allem bei älteren, über 2 m langen
Tieren (PETERSON et al., 1973). Noch höher ist die Belastung
beim Schwertfisch (*Xiphias gladius*): 5 in der Straße von Gibraltar
gefangene Tiere hatten zwischen 1 und 2 mg/kg (ESTABLIER, 1972),
und tatsächlich ist auch aus den USA ein Fall von Quecksilbervergiftung nach dem Genuß von Schwertfischfleisch bekannt (KAHN,
1971): Allerdings hatte die betreffende Person über längere Zeit
im Rahmen einer Abmagerungskur sehr viel Schwertfischfleisch gegessen. Die höchsten Konzentrationen unter den Fischen scheint
der mit den Schwertfischen verwandte Marlin zu haben (Tabelle 21).
Auch Haie sind stark mit Quecksilber belastet, und in Australien
wurde 1972 Hundshai (*Galeorhinus*) von mehr als 1 m Länge als Speisefisch verboten, weil durchschnittlich mehr als 0,9 mg/kg Quecksilber im Fleisch vorhanden ist (HUGHES, 1972).

7.3. Indizien für eine zunehmende Quecksilberbelastung der Weltmeere

Unter dem Eindruck von Minamata und den schwedischen Quecksilber-
problemen bei Küstenfischbeständen schien es zunächst ausgemacht,
daß auch Quecksilber in Thunfisch und Robben Auswirkungen der Umweltverschmutzung sein müßten. In den letzten Jahren sind einige
weitere Argumente für diese These beigebracht worden.

In den Tiefen des Santa-Barbara-Beckens vor der kalifornischen
Küste findet sich kein Sauerstoff. Demzufolge ist keine Bodenfauna vorhanden, und die Sedimentation erfolgt ungestört: Man
kann die abgelagerten Sedimentlagen von Jahr zu Jahr verfolgen
(Abb. 40). Material, welches vor 1920 abgelagert wurde, enthält
nur halb so viel Quecksilber wie Sediment, welches sich nach 1920
bildete; besonders groß sind die Konzentrationen in den jüngsten
Schichten seit 1960 (YOUNG et al., 1973). Diese Analysen stimmen
recht gut überein mit Befunden für Blei (CHOW, 1973a), von dem
gegenwärtig 9 - 21 mg/m^2 sedimentiert werden, während es ohne
menschlichen Einfluß nur 2,4 - 10 mg/m^2 hätten sein dürfen. Allerdings weiß man gegenwärtig noch nicht, ob sedimentiertes Blei
und Quecksilber in den Sedimentlagen bleiben, mit denen sie sedimentiert wurden, oder ob das Porenwasser mit dem überstehenden
Wasser im Austausch steht (s. auch Abb. 34). Außerdem liegt die
Santa-Barbara-Bucht dem Industriegebiet von Los Angeles vorge-
lagert, so daß auch eine regionale Meeresverschmutzung durch industrielle Einleitungen nicht ausgeschlossen werden kann. Es ist
deshalb nicht zweifelsfrei erwiesen, daß die Befunde die Hypo-
these einer weltweit zunehmenden Quecksilberbelastung des Meeres
in den vergangenen Jahrzehnten stützen. Allerdings weisen auch
die obersten 77 cm eines Bohrkerns aus dem trockengelegten Huleh-
See im Jordantal höhere Quecksilberkonzentrationen als tiefere
Kernteile auf. Das würde auf einen höheren Quecksilbereintrag in
der Zeit nach etwa 1200 n.Chr. hinweisen (COWGILL, 1975).

Eine andere Methode, die zeitliche Abfolge der Belastung durch
Umweltchemikalien zu registrieren, ist die Untersuchung von Bohr-
kernen im Eis der grönländischen oder antarktischen Gletscher.

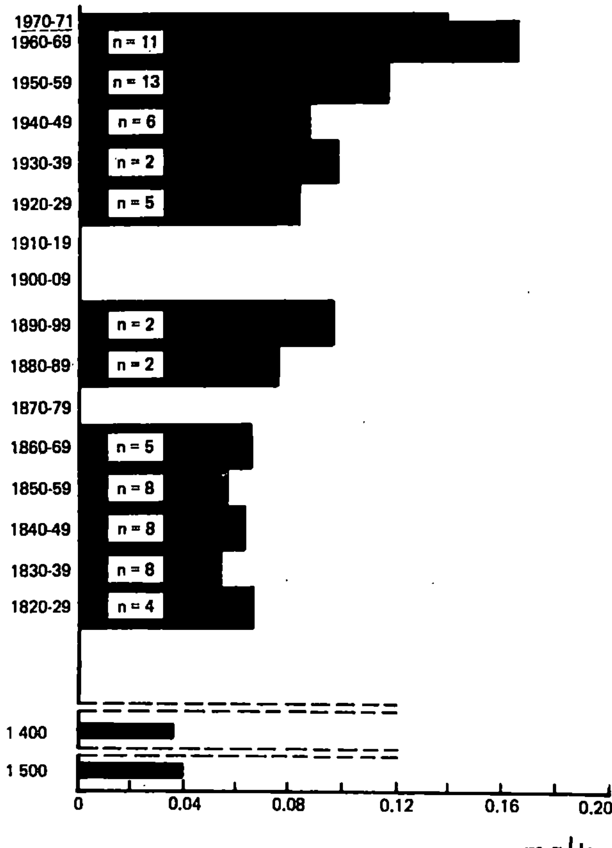

Abb. 40. Im Santa-Barbara Becken vor der kalifornischen Küste werden unter Bedingungen von Sauerstoffmangel geschichtete Sedimente abgelagert, da keine Bodentiere vorhanden sind, welche die Schichtung durch ihre Wühltätigkeit stören. Man kann diese Schichten genau datieren. Die Graphik zeigt die Quecksilberkonzentration in einem Kern aus 580 m Wassertiefe, angegeben in mg/kg trokkenes Sediment. Die Konzentrationen in Schichten aus dem vorigen Jahrhundert sind deutlich höher als in 3.500 Jahre alten Schichten (1400 und 1500 v.Chr.); in den jüngsten Sedimenten ist die Konzentration am höchsten. (Nach Young et al., 1973)

Dort kann man recht genau bestimmen, aus welcher Zeit eine bestimmte Eisprobe stammt. Im Grönlandeis, welches sich aus vor 1952 gefallenem Schnee bildete, war nur halb so viel Quecksilber nachzuweisen wie in jüngeren Proben, wo die Konzentration 0,125 µg/kg beträgt (WEISS et al., 1974). Als die Quecksilberanalysen jedoch später wiederholt wurden (CARR u. WILKINS, 1973), konnten keine höheren Konzentrationen in oberflächlichen Eisproben festgestellt werden. Entsprechende Daten gibt es für Blei: Im Eis aus Niederschlägen, welche 1750 fielen, war nur 0,02 µg/kg enthalten; bis 1940 hat sich diese Menge auf 0,08 µg/kg erhöht. Eis aus dem Jahr 1968 dagegen enthielt 0,21 µg/kg, also 10mal so viel Blei wie vor 200 Jahren (MUROZUMI et al., 1969). Auch für dieses Beispiel gilt, daß nicht hinreichend Erfahrungen über eine mögliche Diffusion der relativ flüchtigen Metalle durch die Eisschichten vorliegen. Aber wenigstens liegt Grönland weit entfernt von den industriellen Ballungszentren, und wenn Quecksilber oder Blei über die Atmosphäre dorthin transportiert wurden, dürften auch weite Regionen des Nordatlantiks betroffen worden sein. Insofern könnten die Konzentrationen im Grönlandeis schon eine globale Konzentrationserhöhung widerspiegeln.

Tabelle 22. Ein mit Kohle befeuertes 660-MW-Kraftwerk schickt beträchtliche Mengen an Quecksilber in die Umwelt, auch wenn die verwendete Kohle nur 0,3 mg/kg Quecksilber enthält. Im Durchschnitt enthält Kohle etwa 1 mg/kg Quecksilber. (Nach BILLINGS u. MATSON, 1972)

Material	Durchschnittlich pro Tag umgesetzte Materialmenge (t/Tag)	Durchschnittliche Quecksilberkonzentration (mg/kg)	Durchschnittliche Quecksilbermenge (g/Tag)
Kohle	7.750	0,3	2.580
Asche am Rost	330	0,2	66
Zurückgehaltene Flugasche	1.300	0,2	260
In die Atmosphäre ausgestoßene Flugasche	2	0,2	unter 1
Abgas	81.000	0,033	2.500

Für Blei ist es recht wahrscheinlich, daß diese Vermutung zutrifft: Die Mengen, welche mit Auspuffgasen als Tetraäthylblei in die Atmosphäre gehen, sind gewaltig (s. Kapitel 8). Für Quecksilber dagegen ist bisher noch keine hinreichend große Quelle bekannt, aus der sich global eine Konzentrationserhöhung ergeben könnte. Kohle und Erdöl enthalten Quecksilber in stark schwankenden Mengen, jedoch in der Größenordnung von etwa 1 mg/kg, und bei der Kohleverbrennung gelangen über 90 % des Quecksilbers in die Atmosphäre: Ein 660-MW-Kraftwerk emittiert etwa 2,5 kg Quecksilber/Tag (Tabelle 22). Schätzungen gehen dahin, daß etwa 1.600 - 3.000 t Quecksilber jährlich weltweit durch die Verbrennung fossiler Stoffe freigesetzt werden (WEISS et al., 1971). Eine ähnliche Menge wird bei der Verhüttung von Erzen und bei der Zementfabrikation in die Atmosphäre entlassen. So ist es nicht verwunderlich, daß mit dem Flugzeug gesammelte Luftstaubproben z.B. über San Francisco 10 - 100mal mehr Quecksilber enthalten (bis 0,05 µg/m^3) als in unbelasteten Regionen (0,001 - 0,01 µg/m^3; WILLISTON, 1968), daß Regen und Schnee in der Nähe von Großstädten 0,2 - 2 µg/kg Quecksilber enthalten (KECKES u. MIETTINEN, 1972), in Schweden dagegen 0,05 - 0,07 µg/kg (ACKEFORS et al., 1970). Die gesamte Atmosphäre soll etwa 12.000 t Quecksilber enthalten (WILLISTON, 1968). Wieviel jedoch davon aus den menschlichen Aktivitäten stammt, wieviel aus natürlichen Quellen, ist unbekannt. In Regionen, wo Quecksilbermineralien vorkommen, hat die Luft 20fach höhere Quecksilberkonzentrationen als anderswo (SAHA, 1972), und auch Vulkane emittieren Quecksilber (SIEGEL et al., 1973): Die verschiedenen Konzentrationen im Grönlandeis könnten auch mit wechselnder Aktivität der isländischen Vulkane zusammenhängen (Tabelle 23).

Tabelle 23. Möglicherweise sind beim Ausbruch des Heimaey-
Vulkans bei Island 1973 bis zu 0,7 t Quecksilber in die Umwelt
gelangt. Seewasserproben dicht vor der Lavafront hatten 0,1 -
0,5 µg/l Quecksilber; über den Quecksilbergehalt von Gasproben
unterrichtet die Tabelle. (Nach OLAFSON, 1975)

Datum	Ort	µg Hg/m³ Luft
28.3.1973	Heimaey-Stadt, auströmendes vulkanisches Gas im Keller eines Hauses	3,34 3,70
	Fumarole an der SW-Seite des Kraters, vulkanisches Gas	15,0 19,0
26.4.1973	"Schornstein" auf dem Lavasee nordöstlich vom Krater, vulkanisches Gas	7,9 10,8 16,1
Vergleich		
2.10.1974	Reykjavik, Stadtluft	0,007

Bemerkenswert als Indiz für atmosphärischen Quecksilbereintrag
in die Ozeane ist immerhin der Befund, daß in der Nähe schmelzen-
den arktischen Meereises das Seewasser bis zu 0,36 µg/l Quecksilber enthält (gegenüber 0,04 µg/l normal; CARR et al., 1972).
Übrigens scheint Quecksilber auch aus den tieferen Schichten des
Erdmantels in die Ozeane geliefert zu werden, nämlich dort, wo
Erdkrustenmaterial aufquillt und zum "sea floor spreading" und
zur Kontinentalverschiebung führt. Während Quecksilberanalysen an
etwa tausend Seewasserproben allgemein Werte zwischen 0,002 und
0,04 µg/l ergaben, wurden in einigen Wasserproben aus 3.200 m Tiefe über dem mittelatlantischen Rücken (36° N, 33° W) Konzentrationen bis 1,09 µg/l gemessen, also bis 50fach höhere Werte (CARR
et al., 1974). Welches Ausmaß diese Zulieferung haben kann, ist
noch ganz unbekannt. Auch die Schätzungen, in welcher Menge beim
Kontakt zwischen Seewasser und Sedimentgestein Quecksilber heraus-
gelöst wird, und in welchem Maße die Verwitterung der Gesteine
an Land und die Erosion durch die Flüsse Quecksilber freisetzen,
gehen noch weit auseinander: 3.500 - 60.000 t (DYRSSEN, 1972).

7.4. Argumente gegen die These, daß der Mensch zur globalen
Quecksilberbelastung der Meere beiträgt

Wenn die anthropogen bedingte Quecksilberlieferung über die Atmosphäre eine größere Rolle spielen würde, müßte man in den oberflächlichen Schichten der Weltozeane höhere Konzentrationen als
im Tiefenwasser finden. Die Analysenergebnisse sind jedoch noch
widersprüchlich. Allgemein stimmen die Befunde dahingehend über-

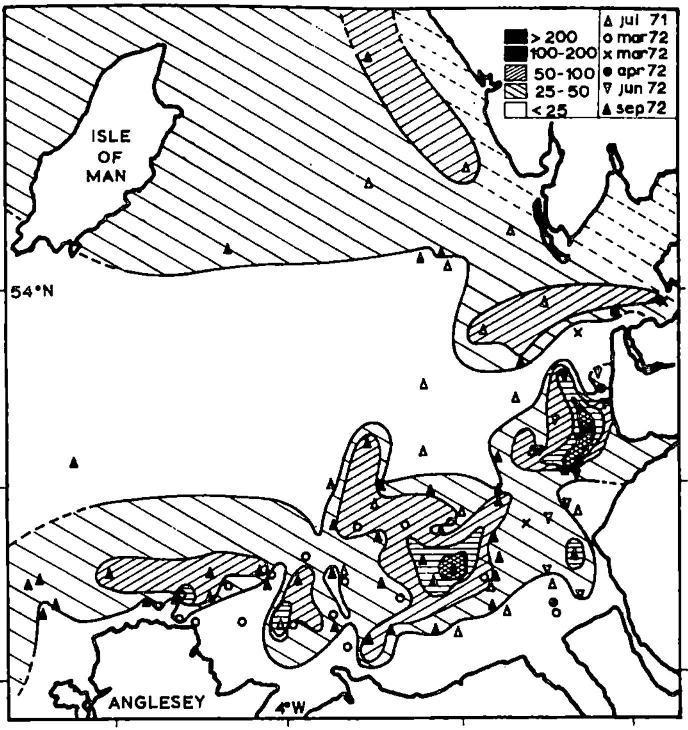

Abb. 41. In weiten Bereichen der offenen Irischen See liegen die
Quecksilberkonzentrationen im Seewasser nicht höher als im Atlantik: Unter 0,05 µg/l. Nahe den Küsten und vor den Ästuaren
allerdings wurden höhere Konzentrationen gemessen. Zum Teil handelt es sich dabei um Regionen, in denen Schlamm aus den Kläranlagen von Manchester versenkt wird, welcher bis zu 150 mg/kg
an Quecksilber enthält. Die Proben wurden 1972 gesammelt, Angaben sind ng/l = µg/m^3. (Aus GARDNER u. RILEY, 1973)

ein, daß Seewasser Quecksilberkonzentrationen zwischen 0,03 und
0,05 µg/l hat (FITZGERALD u. LYONS, 1973; CHESTER et al,, 1973),
wenn auch die Analysenergebnisse häufig zwischen 0,01 und 0,14
streuen (WINDOM et al., 1973). Zum Teil werden aus der Tiefe im
Nordatlantik höhere Werte als für das Oberflächenwasser berichtet
(WINDOM et al., 1973), zum Teil wird aber auch der umgekehrte Befund erhoben und für Oberflächenwasser aus dem Pazifik ein Wert
von 0,27 µg/l angegeben (WILLIAMS u. WEISS, 1973). Dabei ist
allerdings zu berücksichtigen, daß die Analysenmethoden erst seit
kurzer Zeit die Erfassung solch geringer Konzentrationen erlauben,
und daß sich darüber hinaus leicht Fehler dadurch ergeben können,
daß Organismen oder Partikel in den Wasserproben mit erfaßt werden und ihren Quecksilbergehalt mit einbringen. Wenn Analysen
unter allen denkbaren Vorsichtsmaßnahmen durchgeführt werden
(FITZGERALD u. LYONS, 1975), ergeben sich Werte, welche unter
den bisher mitgeteilten liegen: Ein Durchschnittsswert von 0,013
µg/l für den Nordostatlantik (Streuung 0,003 - 0,020 µg/l) und
von 0,007 µg/l für den Nordwestatlantik (Streuung 0,006 - 0,10
µg/l). In Gebieten, in welche regelmäßig Klärschlamm eingebracht
wird, liegen die Werte natürlich viel höher (Abb. 41).

Tabelle 24. Quecksilberkonzentration in Planktonproben aus dem Nordpazifik. Es zeigen sich beträchtliche Unterschiede, welche sich teils aus verschiedener Artenzusammensetzung, teils aus regionalen Gegebenheiten erklären. Die Daten sind in µg/kg und sowohl auf Feuchtgewicht als auch auf Trockengewicht bezogen. (Nach WILLIAMS u. WEISS, 1973; KNAUER u. MARTIN, 1973)

| Meeresgebiet | Phytoplankton | | Zooplankton | |
	Feucht-gewicht	Trocken-gewicht	Feucht-gewicht	Trocken-gewicht
430 km südöstlich von San Diego				
Oberfläche	–	–	6 – 16	55 – 123
1.200 m Tiefe	–	–	35	388
3.200 m Tiefe	–	–	36	189
Schnitt Hawaii-Monterey Oberfläche	20 (10-52)	410 (115-704)	10 (4-36)	130 (48-448)
16 km östlich von Monterey, Oberfläche	11 (5-30)	207 (104-590)	11 (2-22)	119 (51-290)
vor Oregon, Oberfläche	37 – 46	370 – 713	6 – 11	122 – 166

Nicht verunreinigtes Gestein und Bodenmaterial enthalten allgemein 0,1 - 0,5 mg/kg Quecksilber; in nicht verunreinigtem Grundwasser findet man ebenso wie in sauberem Süßwasser 0,01 - 0,07 µg/l, und für ozeanische Meerwasser müssen wir mit Werten zwischen 0,01 und 0,04 µg/l rechnen. Damit ist Quecksilber allgegenwärtig, wenn auch in geringsten Konzentrationen. Von Organismen wird Quecksilber stark gespeichert (Abb. 38). So wird verständlich, daß weltweit Proben von Phytoplankton und Zooplankton etwa 0,01 mg/kg Quecksilber aufweisen (Tabelle 24), Proben von Hochseefischen 0,01 - 0,05 mg/kg (MEYER, 1972).

In Küstennähe hat das Meerwasser Kontakt mit dem Meeresboden, und von Land her transportieren Flüsse Quecksilber aus der Gesteinsverwitterung in die See. Deshalb muß auch ohne menschliche Einwirkung in Küstennähe mit höheren Quecksilberkonzentrationen im Seewasser gerechnet werden. Offensichtlich besteht eine direkte Abhängigkeit zwischen dem Quecksilbergehalt im Seewasser und dem im Plankton (Abb. 42, S. 88), und entsprechend auch im Fisch. Bei Küstenfischen kann der Quecksilbergehalt bis zu 0,1 - 0,2 mg/kg betragen, ohne daß man daraus auf Abwassereinfluß schließen müßte.

Wo allerdings quecksilberhaltige Abwässer eingeleitet werden, kommt es zu noch höheren Quecksilberkonzentrationen im Fisch (s. Kapitel 3.2); auch der Rhein trägt sicher zur Quecksilberbelastung der Nordsee bei (FRISSEL, 1971) und befördert jährlich über 60 t Quecksilber teils gelöst, teils mit Tonteilchen (Tabelle 28). Die Menge ist vielleicht 20mal größer als die naturgegebene, die nur auf die Gesteinsverwitterung zurück-

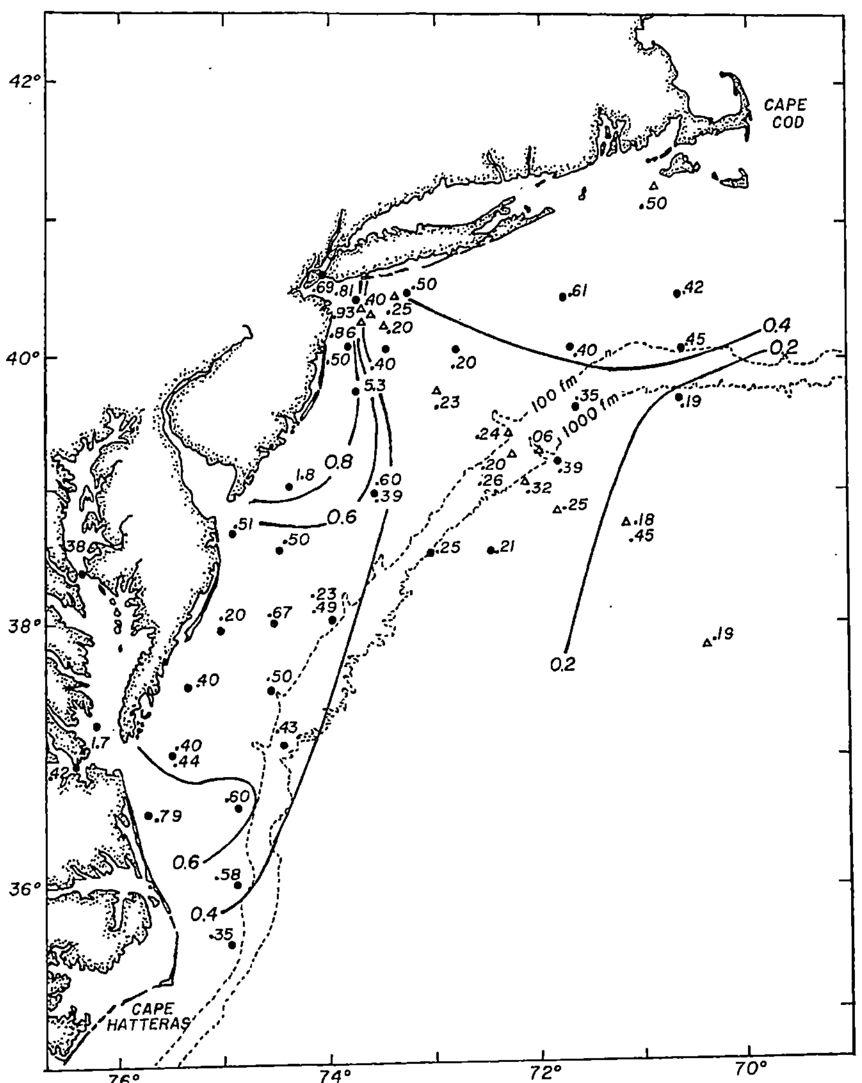

<u>Abb. 42.</u> Küstennah gefangene Zooplanktonproben aus dem Oberflächenwasser des Atlantiks vor der amerikanischen Ostküste haben höhere Quecksilberkonzentrationen als weit entfernt von der Küste gesammelte Proben. In der Karte sind 1969 (Punkte) und 1971 (Dreiecke) gesammelte Proben vermerkt, die Zahlen beziehen sich auf mg/kg Trockengewicht. (Aus WINDOM et al., 1973)

zuführen ist. Entsprechend hoch sind die Quecksilberkonzentrationen in Fischen aus dem niederländischen Küstengebiet. Flundern (*Platichthys flesus*) hatten dort 0,5 mg/kg. Auch in der Themse-Mündung und an solchen Stellen der Irischen See, wo Klärschlamm in das Meer verklappt wird (Abb. 41), sind die Quecksilberkonzentrationen in Fischen bis 0,5 mg/kg. Miesmuscheln als Monitor-

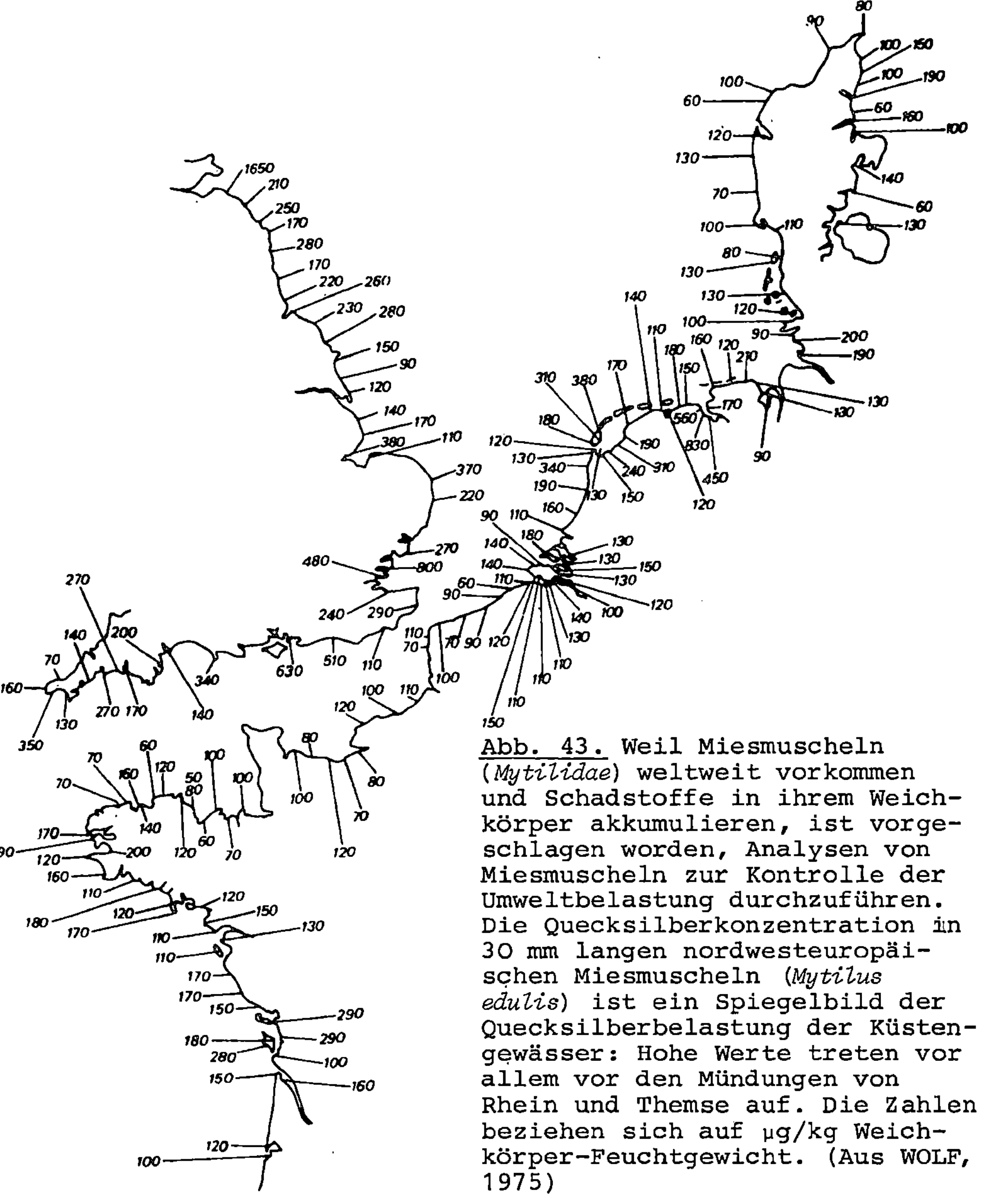

Abb. 43. Weil Miesmuscheln
(*Mytilidae*) weltweit vorkommen
und Schadstoffe in ihrem Weichkörper akkumulieren, ist vorge-
schlagen worden, Analysen von
Miesmuscheln zur Kontrolle der
Umweltbelastung durchzuführen.
Die Quecksilberkonzentration in
30 mm langen nordwesteuropäischen Miesmuscheln (*Mytilus
edulis*) ist ein Spiegelbild der
Quecksilberbelastung der Küstengewässer: Hohe Werte treten vor
allem vor den Mündungen von
Rhein und Themse auf. Die Zahlen
beziehen sich auf μg/kg Weich-
körper-Feuchtgewicht. (Aus WOLF,
1975)

Organismen eignen sich besonders gut dafür, großräumig an den
Küsten die Quecksilberbelastung zu registrieren (Abb. 43).

Spitzenwerte dürfen allerdings nicht verallgemeinert werden.
Die großräumige Untersuchung der Nordseefische hat ergeben, daß
die Mittelwerte viel niedriger liegen (Schwankungsbreite in
Klammern): Dorsch (*Gadus morrhua*) 0,13 mg/kg (0,03 - 0,26), Scholle
(*Pleuronectes platessa*) 0,12 mg/kg (0,02 - 0,26) und Hering (*Clupea
harengus*) 0,06 mg/kg (0,02 - 0,24). Erfreulicherweise ist damit

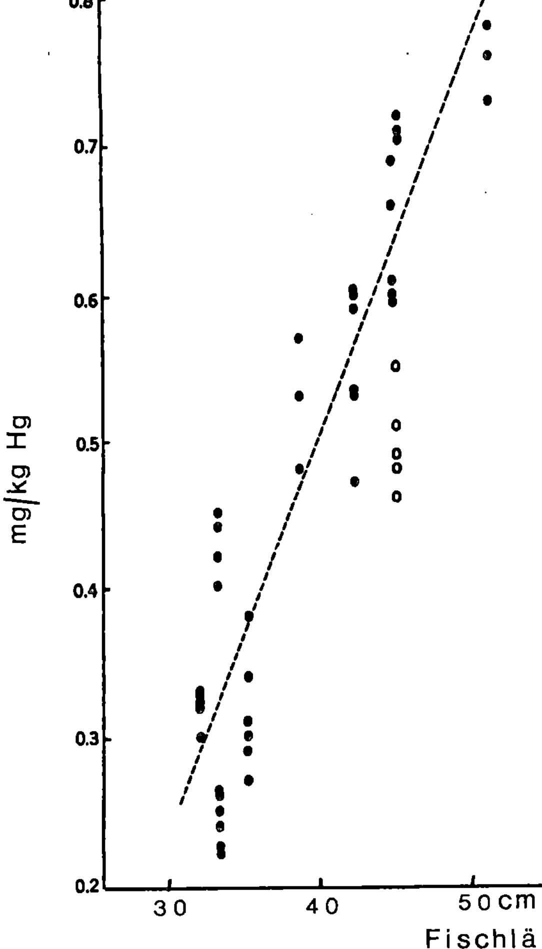

Abb. 44. *Antimora rostrata* ist ein 30 - 50 cm langer Fisch, der am Boden der Tiefsee lebt und recht hohe Quecksilberkonzentrationen aufweist. Im Material von einem einzigen Dredgezug (1971, 2.500 m Tiefe, südöstlich von Kap Hatteras) läßt sich klar nachweisen, daß größere Fische höhere Quecksilberkonzentrationen haben als kleine Fische (Punkte; Angaben in mg/kg Muskel-Feuchtgewicht); Museumsstücke der gleichen Art, 1883 gesammelt (Kreise), passen im Quecksilbergehalt gut zu den rezenten Befunden. (Nach BARBER et al., 1972)

die Nordsee als ganzes nicht stärker quecksilberbelastet als andere Meere, welche nicht so unmittelbar in der Nähe großer Industriegebiete liegen (ICES, 1974).

Verschiedene Fischarten im gleichen Seegebiet können verschiedene Quecksilberkonzentrationen haben, unabhängig davon, daß größere Tiere in der Regel höhere Konzentrationen aufweisen als kleine Tiere (Abb. 44). Das gilt selbst für·benthopelagische Tiefseefische, welche in etwa 2.500 m Wassertiefe leben, also in einer Zone, die man als sehr einförmig ansieht. Obwohl es sich in beiden Fällen um 40 - 50 cm lange, räuberische Fische handelt, hat die Art *Aldrovandia macrochir* nur 0,07 - 0,08 mg/kg Quecksilber, *Antimora rostrata* dagegen 0,5 - 0,7 mg/kg (BARBER et al., 1972), fast den 10fachen Wert. Eine Erklärung hierfür ist bisher nicht gegeben worden. Man kann jedoch leicht verstehen, daß Thunfische und ihre Verwandten besonders hohe Quecksilberkonzentrationen haben: Sie sind groß und haben einen hohen Stoffwechsel, verbrauchen also viel Nahrung, mit welcher sie auch

Tabelle 25. Zwar muß man befürchten, daß sich bei Museumsexemplaren während der Konservierung der Quecksilbergehalt verändert hat; immerhin ist bemerkenswert, daß vor 60 - 100 Jahren gefangene Thunfische in ihrem Fleisch ähnliche Quecksilberwerte aufweisen wie rezentes Material. Die Daten beziehen sich auf mg Hg/kg Feuchtgewicht. (Nach MILLER et al., 1973)

Fangjahr	Art, Ort	Quecksilber-konzentration
1878	Bonito (*Katsuwonus pelamis*), Massachusetts	0,27 0,64
1880	Weißer Thun (*Thunnus alalunga*), Kalifornien	0,27
1886	Thunfisch (*Thunnus thynnus*), Massachusetts	0,38
1890	Bonito, Kalifornien	0,45
1901	Bonito, Hawaii	0,42
1909	Bonito, Philippinen	0,26

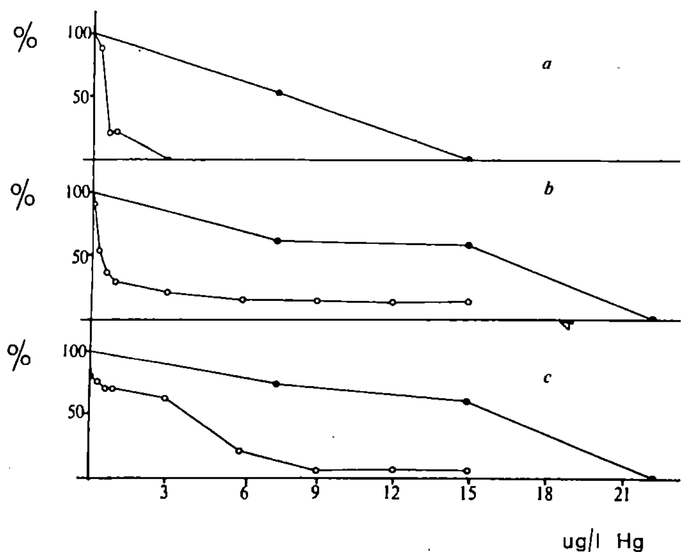

Abb. 45a-c. Bereits extrem geringe Konzentrationen an Quecksilber im Kulturmedium beeinflussen das Wachstum von Phytoplanktonalgen; dabei zeigen sich beträchtliche Unterschiede zwischen anorganischem Quecksilber (Quecksilberchlorid, Punkte) und Quecksilber in organischer Verbindung (Phenylquecksilberacetat, Kreise). In 3 Diagrammen ist dargestellt, auf welchen Prozentsatz gegenüber Kontrollen (100 %) die Zelldichte durch den Gifteinfluß herabgesetzt wird bei (a) *Chlamydomonas sp.* (Kontrolle 2,2 Millionen Zellen/ml), (b) *Chlorella sp.* (Kontrolle 6,5 Millionen Zellen/ml) und (c) *Phaeodactylum tricornutum* (Kontrolle 27,4 Millionen Zellen/ml). Quecksilberkonzentration in µg/l. (Nach NUZZI, 1972)

Tabelle 26. Unter dem Einfluß verschiedener Konservierungsmethoden verändert sich der Schwermetallgehalt von Organismen beträchtlich. Die Tabelle gibt Analysenergebnisse (in mg/kg Trockengewicht) von Leuchtsardinen (Myctophidae), welche aus einem einzigen Netzhol stammen (1971, 32° N, 64° W, bis 60 m Tiefe). Der Fang wurde zunächst tiefgefroren und später mit verschiedenen Flüssigkeiten konserviert. Die Analysen wurden 4 Wochen nach der Konservierung durchgeführt. (Nach GIBBS et al., 1974)

Ceratoscopelus warmingi (45 - 60 mm lange Exemplare)

	Hg	Cd	Cu	Pb	Zn
Tiefgefroren	0,21-0,26	0,5-0,8	1,9-2,4	<0,5	34-35
Formalin	0,10-0,20	0,7-0,9	6,5-7,8	3,8-3,8	67-84
Äthylalkohol	0,12-0,24	0,9-1,0	11-12	2,4-2,8	81-81
Isopropyl-Alkohol	0,19-0,19	1,0-1,8	14-18	7,9-11	92-120

Hygophum hygomi (45 - 55 mm lange Exemplare)

	Hg	Cd	Cu	Pb	Zn
Tiefgefroren	0,18-0,31	<0,2	1,8-4,9	3,1-3,7	13-17
Formalin	0,13-0,13	0,1-0,5	3,8-5,4	2,6-2,8	14-35
Äthylalkohol	0,14-0,18	0,4-0,5	6,1-6,7	1,3-1,6	38-40
Isopropyl-Alkohol	0,13-0,17	0,6-0,7	9,1-9,6	3,2-6,9	56-61

Quecksilber aufnehmen, und sie leben langlebig, die Akkumulation kann sich also über einen langen Zeitraum erstrecken.

Es gibt mehrere Untersuchungen über den Quecksilbergehalt von Fischen, die vor Jahrzehnten gefangen worden waren und seitdem in Museen aufbewahrt wurden. Das Ergebnis ist, daß auch vor 70 - 90 Jahren der Quecksilbergehalt bereits ebenso hoch war wie bei Fängen aus der heutigen Zeit (Tabelle 25), und zwar sowohl bei Thunfischen (HAMMOND, 1971) als auch bei Tiefseefischen (Abb. 45). Allerdings müssen diese Analysen mit Vorsicht beurteilt werden, denn Quecksilber ist ein flüchtiges Element. Wenn der Konservierungsalkohol öfter gewechselt wurde, kann es leicht zu Veränderungen des Quecksilbergehaltes in den Fischen gekommen sein, und man kann auch nicht ausschließen, daß durch die Metalletiketten, welche früher in Museen benutzt wurden, Spuren von Quecksilber in die Proben gelangt sind (Tabelle 26).

Das beste Argument dafür, daß der Mensch nicht wesentlich beteiligt ist an den Quecksilberkonzentrationen im Seewasser und in den Meeresorganismen, ist eine Gegenüberstellung der in Betracht kommenden Mengen. Die bergmännische Welt-Quecksilberproduktion liegt bei etwa 9.000 t im Jahr. Quecksilber wird für folgende Zwecke verwendet (Angaben für die USA, 1969; SAHA, 1972): 26 % für die Chlor-Alkali-Elektrolyse, 23 % für elektrische Anlagen und Glühlampen, 12 % für bewuchsverhindernde Schiffsfarben, 6,5 % für Instrumente, 3,5 % als Katalysator bei

chemischen Prozessen, 3,5 % als Plombenmaterial bei Zahnärzten
und 3,5 % als Fungizid in der Landwirtschaft, die übrigen 22 %
für verschiedene Zwecke, darunter auch für Erweiterung und Neubau
von Chlor-Alkali-Fabriken. Aus Angaben der Landesgewerbeanstalt
Bayern (Nürnberg, 1973) geht hervor, daß in der Bundesrepublik
Deutschland die Verhältnisse im Jahre 1971 ähnlich waren: 660 t
Quecksilber wurden importiert; davon dienten 250 t für neue Chlor-
Alkali-Anlagen. Von den restlichen 410 t dürfte mehr als die
Hälfte in die Umwelt gelangt sein. 25 % wurden bei der Chlor-
Alkali-Elektrolyse verbraucht und mußten ersetzt werden, 13 %
dienten zur Herstellung verschiedener Chemikalien, 12 % von Schäd-
lingsbekämpfungsmitteln, 11 % wurden als Katalysatoren in der che-
mischen Industrie verwendet, 8 % in der elektrotechnischen Industrie, 7 % beim Bau von Instrumenten, 7 % als Giftzusatz in
Farben, 5 % von den Zahnärzten, und 12 weitere Prozent dienten
verschiedenen anderen Zwecken. Der größte Teil des verwendeten
Quecksilbers kann also irgendwie die Umwelt beeinflussen, aber
HAMMOND hat errechnet (zitiert bei PETERSON et al., 1973), daß
sämtliches seit 1900 in Bergwerken gefördertes Quecksilber, wenn
man es mit dem Wasser aller Ozeane mischte, die Quecksilberkonzentration im Meerwasser gerade um 1 % steigern würde, also beispielsweise von 0,04 µg/l auf 0,0404 µg/l. Legt man diese Konzentration zugrunde, dann befinden sich in den Weltozeanen 56
Millionen Tonnen Quecksilber. Trifft es zu, daß die mittlere
Konzentration nur 0,01 µg/l ist (s. S. 86), dann sind es immerhin noch 14 Millionen Tonnen. Die 9.000 t, welche der Mensch
jährlich produziert, machen davon nur 0,02 oder 0,06 % aus.
Diese Menge wird bei weitem übertroffen von der Menge, welche
durch natürliche Verwitterung in die Ozeane gelangt (Tabelle 27).
Darum ist es wahrscheinlich, daß auch vor Jahrhunderten bereits
die Quecksilberkonzentration in den Ozeanen etwa so hoch war wie
gegenwärtig, daß schon damals Thunfische, Seesäuger und Seevögel
stark mit Quecksilber belastet waren, und daß der Mensch ledig-
lich regional die Quecksilberkonzentration beeinflußt hat.

Allerdings haben die Forschungen über das Umweltgift Quecksilber
eine ganz neue Perspektive eröffnet im Selbstverständnis des
Menschen und hinsichtlich der Lebensbedingungen für Organismen
auf der Erde. Denn in Laboratoriumsexperimenten hat sich gezeigt,
daß bestimmte organische Quecksilberverbindungen noch bei Konzentrationen von nur 0,1 µg/l toxisch wirken. Sie hemmen die
Photosyntheseleistung der Kieselalge *Nitzschia delicatissima* (HARRIS
et al., 1970) oder beeinträchtigen das Wachstum von *Phaeodactylum*,
Chlorella und *Chlamydomonas* (s. Abb. 45). Diese toxische Konzentration liegt nur um gut die Hälfte bis zum 10fachen höher als
die natürliche Konzentration im Meerwasser. Wenn auch der direkte
Vergleich nicht stichhaltig ist, weil es sich um besonders wirksame Organokomplexe handelt, mit denen experimentiert wurde, so
ist doch die Vermutung erlaubt, daß auch die geringen weltweit
wirksamen Quecksilberkonzentrationen um 0,01 - 0,04 µg/l nicht
förderlich, sondern schädlich für das Leben im Meer sind. Entsprechende Experimente wären abzuwarten. Jedenfalls dürfte eine
Verdoppelung der weltweit in den Ozeanen wirkenden Quecksilberkonzentration nicht ohne Folgen bleiben, und es ist richtig, den
Quecksilberverbrauch radikal einzuschränken, auch wenn sich derzeit nicht eindeutig nachweisen läßt, daß menschliche Aktivität
auf den Quecksilbergehalt im Weltmeer nennenswerten Einfluß hat.

8. Globale Meeresverschmutzung mit Blei

Wenn man die Schwermetalle miteinander vergleicht (Tabelle 27),
dann ist für Blei das Verhältnis zwischen Bergbauproduktion (3
Millionen Tonnen/Jahr) und Gesamtmenge in den Weltozeanen (56
Millionen Tonnen) am ungünstigsten. Es ist darum möglich, daß
durch die Aktivität des Menschen in den vergangenen Jahrzehnten
eine Erhöhung der Bleikonzentrationen im Meerwasser erfolgte. Indizien dafür sind die höheren Konzentrationen in den oberflächlichen Schichten des grönländischen Inlandeises (s. Kapitel 7.3)
und in den oberflächennahen Schichten mariner Sedimente (Abb. 34
und 40).

Anscheinend ist auch die Bleikonzentration im Oberflächenwasser
der Weltmeere höher als im Tiefenwasser, ein Befund, welcher für
eine stärkere Belastung des Meeres in jüngster Zeit spricht, bevor die vollkommene Durchmischung erfolgen konnte. Im Tiefenwasser des Atlantiks sollen nur 0,03 µg/l Blei enthalten sein, dagegen wurden im Oberflächenwasser des Atlantiks 0,07 µg/l, im Mittelmeer 0,2 µg/l und vor der kalifornischen Küste im Pazifik 0,1-0,4
µg/l gemessen (TATSUMOTO u. PATTERSON, 1963). Allerdings muß man
gegenwärtig noch vorsichtig sein bei der Bewertung solcher Analysen: 1973 wurden Teilproben desselben Seewassers an 9 Labors in
aller Welt verteilt, um in Form einer Ringanalyse Aufschluß über
die Genauigkeit der verwendeten Methoden zu gewinnen (Atomabsorptionsspektroskopie und Voltametrie). Die Ergebnisse streuten sehr
stark und lagen zum Teil 10fach höher als der Wert, welcher mit
der Methode der Isotopenverdünnung gewonnen worden war (0,08 µg/l
für Wasser vor der kalifornischen Küste; ANON, 1974). Trotzdem
könnten die genannten Analysen für Oberflächen- und Tiefenwasser
signifikante Ergebnisse repräsentieren, denn sie wurden jeweils
von einem Team erarbeitet.

Bevor der Mensch eingriff, dürfte die natürliche Zulieferung von
Blei aus Verwitterung und Flußerosion oder aus Vulkantätigkeit
über die Atmosphäre etwa in der gleichen Größenordnung gelegen
haben, wie die natürliche Elimination von Blei durch Sedimentation. Schon die Rodung der Wälder und der Beginn der Bodenbear-
beitung durch primitiven Ackerbau hat der Erosion stärkere An-
griffsflächen geliefert. Schätzungen gehen dahin, daß vor Beginn
des Ackerbaus durch die natürliche Verwitterung nur jährlich
11.000 t Blei in die Ozeane gelangten, währen gegenwärtig die
Menge 150.000 t betragen soll (Tabelle 27). Wie beim Quecksilber
ist auch beim Blei anzunehmen, daß die Konzentrationen im küstennahen Wasser höher sind als im offenen Ozean. Jedenfalls sind die
Konzentrationen in küstennah gefangenen Tieren höher als weiter
seewärts (Abb. 46).

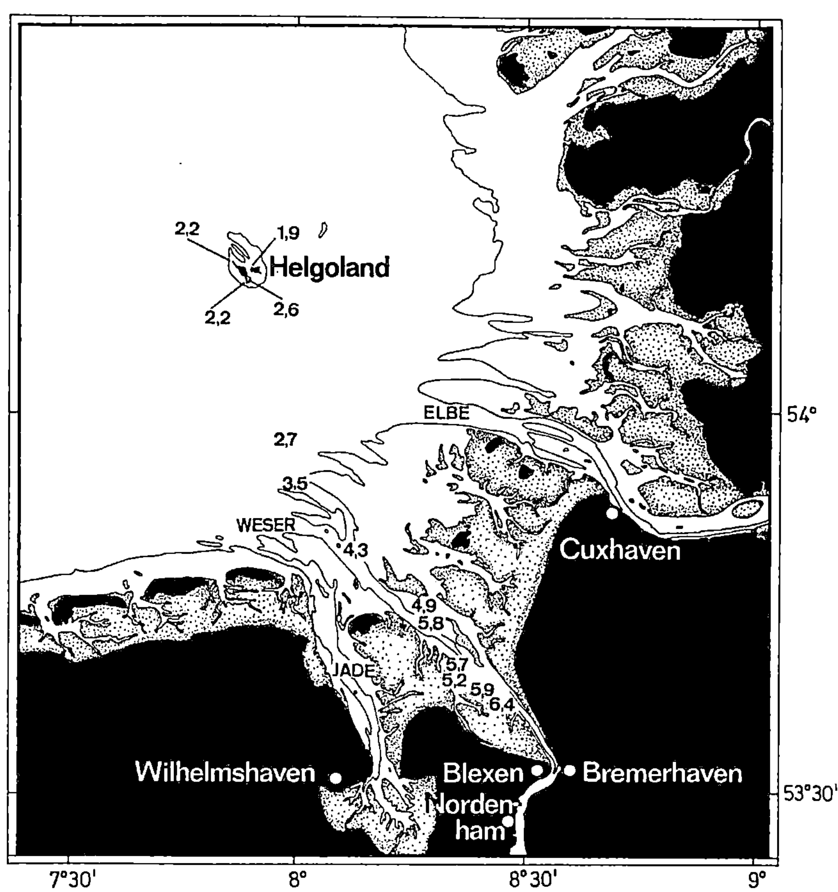

Abb. 46. Miesmuscheln *(Mytilus edulis)* aus dem Weser-Ästuar haben in ihrem Weichkörper höhere Bleikonzentrationen als Miesmuscheln aus der Gegend von Helgoland (Zahlen entsprechen mg/kg Trockengewicht). Abgesehen davon, daß im Ästuarbereich der Kontakt zwischen Sediment und Seewasser intensiver ist, transportiert die Weser über ihre im mineralreichen Harzgebirge entspringenden Nebenflüsse Schwermetalle in die Nordsee, und bei Nordenham liegt eine Bleihütte, aus welcher höhere Bleikonzentrationen im Weser-Ästuar stammen könnten. (Aus SCHULZ-BALDES, 1973)

Gegenwärtig werden etwa 3 Millionen Tonnen Blei bergmännisch gefördert. Ein beträchtlicher Teil davon wird als gediegenes Metall verwendet, so daß die Belastung der Umwelt dadurch gering ist. Aber bei der Verhüttung des Erzes gelangt Blei in die Atmosphäre und etwa 250.000 t jährlich gelangen mit den Auspuffgasen der Kraftfahrzeuge in die Atmosphäre, weil Tetraäthylblei als Antiklopfmittel dem Benzin zugesetzt wird. Insgesamt wird die Belastung der Weltmeere durch Blei jährlich auf 430.000 t geschätzt: 250.000 t aus Tetraäthylblei, 180.000 t über die Flüsse (CHOW, 1973b).

Daß Blei in der Nähe von Erzverhüttungsanlagen und in den von
Auspuffgasen belasteten Großstadtstraßen ein beträchtliches Ge-
sundheitsrisiko darstellt, ist bekannt. Blei wird auch aus geringen Konzentrationen im Meerwasser von Organismen akkumuliert
(s. Kap. 6.3). Zum Glück sind jedoch die Mengen, welche der Mensch
mit Speisefisch zu sich nimmt, geringfügig neben den Mengen, die
aus der Atemluft, aus dem Rauch der Zigaretten, aus dem Trinkwasser und aus der allgemeinen Nahrung stammen. Es ergibt sich also
keine unmittelbare Gefährdung des Menschen, wenn die Bleikonzentrationen in den Weltmeeren ansteigen.

Auch die Giftigkeit für Meerestiere scheint nicht sehr groß zu
sein: Gewöhnlich werden Werte um 0,1 mg/l als Grenzwert genannt,
bei dem Schädigungen auftreten, und davon sind die Konzentrationen
im Meerwasser weit entfernt. Aber Blei ist ein schleichendes Gift;
das lehren Experimente mit Miesmuscheln. 40 Tage lang zeigen sie
keine Anzeichen irgendeiner Schädigung, auch wenn man dem Aquariumswasser 5-10 mg/l Blei zusetzt, also Konzentrationen herstellt,
bei denen im Seewasser ein Teil des Bleis als Bleikarbonat aus-
kristallisiert. Erst in den Wochen nach 40 Tagen ist die Sterb-
lichkeitsrate der Miesmuscheln verschieden und umso größer, je

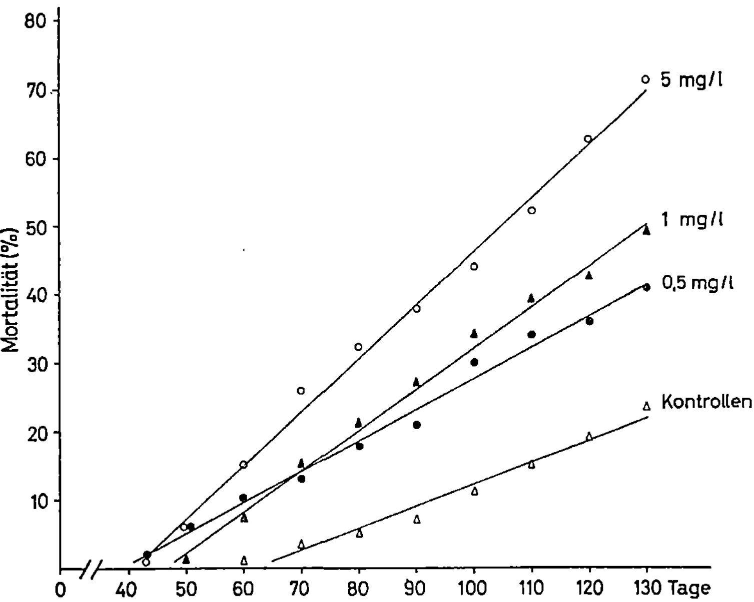

Abb. 47. Im Laborexperiment ist Blei für Miesmuscheln *(Mytilus edulis)* zunächst nur wenig giftig. Auch bei entsprechend den Löslich-
keitsverhältnissen im Seewasser höchstmöglichen Konzentrationen
von etwa 5 mg Blei (als Bleinitrat) im Liter Seewasser ergab sich
in den ersten 40 Tagen Versuchsdauer keine erhöhte Mortalität.
Erst bei Langzeitversuchen ist die Sterblichkeit bei höheren
Bleikonzentrationen erhöht. In dem Diagramm wird die kumulierte
Mortalität angegeben für Versuche mit 5, 1 und 0,5 mg/l. (Aus
SCHULZ-BALDES, 1972)

höher die Bleikonzentration war. Schon eine Konzentration von
0,5 mg/l erzeugt eine höhere Sterblichkeit, als sie in den unbeeinflußten Kontrollexperimenten zu beobachten war (Abb. 47).

Planktonalgen sind teilweise extrem widerstandsfähig gegen Blei
im Kulturmedium, und unter bestimmten Versuchsbedingungen wachsen
sie sogar, wenn Bleinitrat vorhanden ist (Abb. 48), besser als
die Kontrollkulturen.

Es bleibt abzuwarten, ob sich noch Meeresorganismen finden, welche empfindlicher auf Blei reagieren. Gegenwärtig kann man wohl
feststellen, daß eine geringfügige Erhöhung der Bleikonzentrationen in den Weltmeeren nicht unmittelbar toxische Auswirkungen
haben würde.

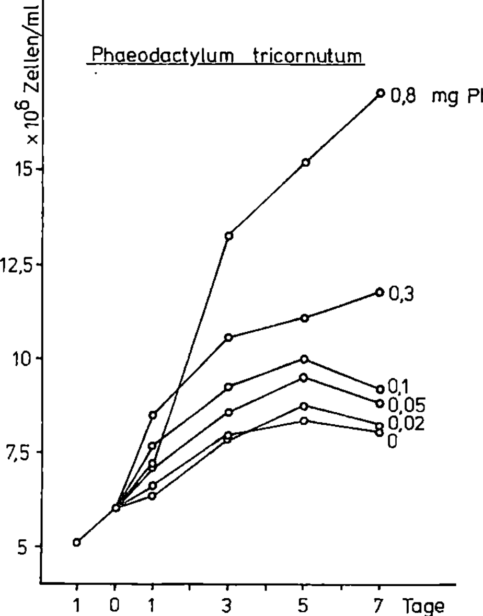

Abb. 48. Unter Umständen wachsen Planktonalgen im Kulturex-
periment sogar besser, wenn
dem Kulturmedium Bleinitrat
zugefügt wird. Vermutlich ist
die Giftigkeit von Blei so gering für Algen, daß der Dünge-
effekt des Nitrats den Ausschlag gibt. Dargestellt wird
die Zellvermehrung von
Phaeodactylum bei verschiedenen
Bleikonzentrationen. (Nach
SCHULZ-BALDES, unveröffent-
licht)

9. Weitere Schwermetalle und Spurenelemente

Außer Quecksilber und Blei betrachtet die internationale Experten-
gruppe, welche sich unter der Bezeichnung GESAMP (Joint Group of
Experts on the Scientific Aspects of Marine Pollution) aus allen
internationalen Organisationen rekrutiert, noch die folgenden Metalle und Spurenelemente als möglicherweise gefährlich für das
marine Milieu: Antimon, Arsen, Beryllium, Chrom, Kadmium, Kobalt,
Kupfer, Mangan, Nickel, Selen, Silber, Vanadium, Zink. Die Wissenschaftler beginnen gerade erst, für jeden einzelnen Stoff die
Angaben zusammenzusuchen, welche als Beurteilungsmaßstab für seine
Umweltbedeutung dienen können.

Einen ersten Anhaltspunkt kann das Verhältnis der bergwerksmäßigen
Förderung zur Menge in den Wassermassen der Weltozeane geben (Tabelle 2 und 27). Allerdings ist das Schicksal der bergmännisch
produzierten Stoffe verschieden; solche, die vor allem in Farben
verwendet werden, wie Kadmium, beeinträchtigen stärker die Umwelt
als Metalle, welche überwiegend gediegen Verwendung finden. Große
Schwierigkeiten macht noch die Abschätzung der Menge, welche mit
Verbrennungsprozessen oder bei der Verhüttung von Erzen oder beim
Brennen von Zement in die Atmosphäre gelangen, und ganz offen ist
die Frage, welche Mengen bei natürlichen Hochtemperaturprozessen,
also vor allem durch den Vulkanismus in die Atmosphäre gelangen
(s. Kap. 6.1 und 7.3). Aus den Einzelbefunden ergeben sich noch
erhebliche Diskrepanzen. So wird nach den Analysen von Luftstaubproben geschätzt (ICES, 1974), daß jährlich 1.000 t Arsen, 230 t
Kadmium, 2.000 t Chrom, 15.000 t Blei, 500 t Antimon, 100.000 t
Zink und 130.000 t Kupfer über die Atmosphäre in die Nordsee gelangen. Diese Zahlen sind sehr hoch gemessen an den Angaben in
Tabelle 27 und bedürfen der Bestätigung. Sie sind wenigstens
größer als die Mengen, welche der Rhein der Nordsee zuführt
(Tabelle 28).

Kadmium ist ein besonders gefährliches Element. Vermutlich wirkt
es auf empfindliche Meerestiere bereits in den geringen Konzentrationen giftig, welche auch in unverschmutztem Seewasser enthalten sind. Für den Menschen ist Kadmium besonders tückisch dadurch, daß es nicht aus dem Körper ausgeschieden wird und sich
jahrzehntelang in den Knochen akkumuliert. Tödliche Fälle von
Kadmiumvergiftung sind aus Japan bekannt.

Bestimmte Meerestiere speichern Kadmium in besonders intensiver
Weise; im Bristol Channel haben Napfschnecken *(Patella vulgata)* bis
zu 118 mg/kg Kadmium (PEDEN et al., 1973). Hier ist sicher die
industrielle Verunreinigung der Küstenregion mitbeteiligt, und
das mag auch für den Tintenfisch *Loligo opalescens* von der kalifornischen Küste gelten, wo in der Leber bis zu 180 mg/kg Trockengewicht gefunden wurden. Mollusken sind allgemein besonders mit

Kadmium belastet, und bei dem hochozeanischen Tintenfisch *Symplecto-theuthis oualaniensis* wurden bis zu 1.100 mg/kg Trockengewicht analysiert, ohne daß industrielle Verunreinigung eine Rolle spielen könnte (MARTIN u. FLEGAL, 1975). Merkwürdig ist, daß diese ozea-

Tabelle 27. Geochemische und industrielle Daten für einige Spurenelemente. (Nach GESAMP, 1974)

		Hg	Cd	Sb	Se	Pb	Cr	As	Cu	Zn
Konzentration in Erdkrustenmaterial	mg/kg	0,1	0,2	0,1	0,1	15	?	2	45	40
Konzentration in Seewasser	µg/l	0,04	0,02	0,5	0,5	0,04	0,3	2	2	3
Gesamtmenge im Weltmeer ($1,4 \cdot 10^{21}$ l)	10^6 t	56	28	700	700	56	420	2.800	2.800	4.200
Zulieferung durch Verwitterung	1.000 t /Jahr	3,5	?	1,3	7,2	150	240	72	330	720
Zulieferung über die Atmosphäre (aus fossilen Brennstoffen)	1.000 t /Jahr	3,2	?	?	0,5	3,6	1,5	0,7	2	7
Produktion der Bergwerke	1.000 t /Jahr	9,0	15,0	65,0	1,2	3.000	3.000	30	6.000	5.000
Jährliche Bergwerksproduktion in % der Gesamtmenge in den Ozeanen	%	0,02	0,05	0,009	0,0002	5	0,7	0,001	0,2	0,1

nischen Tintenfische auch hohe Konzentrationen an Kupfer (bis
1.900 mg/kg Trockengewicht) und Silber (40 mg/kg Trockengewicht)
aufweisen (Abb. 49). Möglicherweise werden Kadmium und Silber

Tabelle 28. Der Rhein transportiert große Mengen an Schwermetallen in die Nordsee; ihr Handelswert liegt in der Größenordnung
von jährlich 100 Millionen DM. Der Transport geschieht etwa zu
gleichen Teilen in gelöster Form und mit im Flußwasser suspen-
dierten Tonteilchen. Je nach untersuchter Flußregion, Analysen-
technik und Berechnungsgrundlage ergeben sich bei verschiedenen
Autoren unterschiedliche Angaben. (Nach FÖRSTNER u. MÜLLER, 1974)

Schwermetall	gelöst (Tonnen/Jahr)	suspendiert
Zink	11.000-25.000	7.000-20.000
Kupfer	800- 3.000	1.400- 3.000
Chrom	1.000- 1.300	2.800- 4.000
Blei	600- 700	1.800- 3.000
Nickel	800- 2.500	200- 800
Kadmium	100- 500	100- 200
Quecksilber	40- 50	50- 80

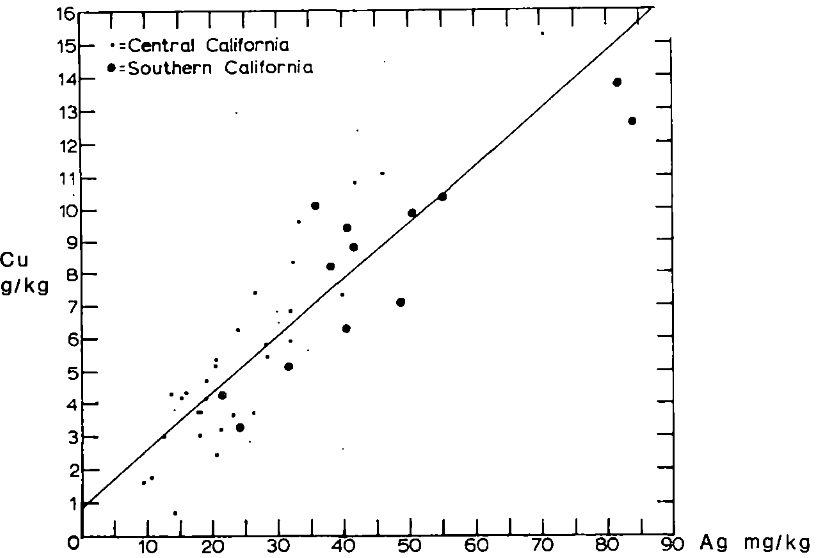

Abb. 49. In dem Maße, wie Schadstoffuntersuchungen auch auf andere
Organismen außer Fischen und Seesäugern ausgedehnt werden, ergeben
sich Überraschungen. So hat sich gezeigt, daß Tintenfische extrem
hohe Kadmiummengen speichern, gleichzeitig auch Silber und Kupfer.
Möglicherweise werden diese Elemente über den gleichen Aufnahme-
mechanismus in den Körper überführt, denn es zeigen sich enge Kor-
relationen zwischen Silber- und Kupferkonzentration in verschiedenen Proben (Leber von *Loligo opalescens*, kalifornische Küste, Angaben bezogen auf Trockengewicht). (Nach MARTIN u. FLEGAL, 1975)

gleichzeitig mit Kupfer, welches für das Atempigment notwendig ist, in den Körper aufgenommen.

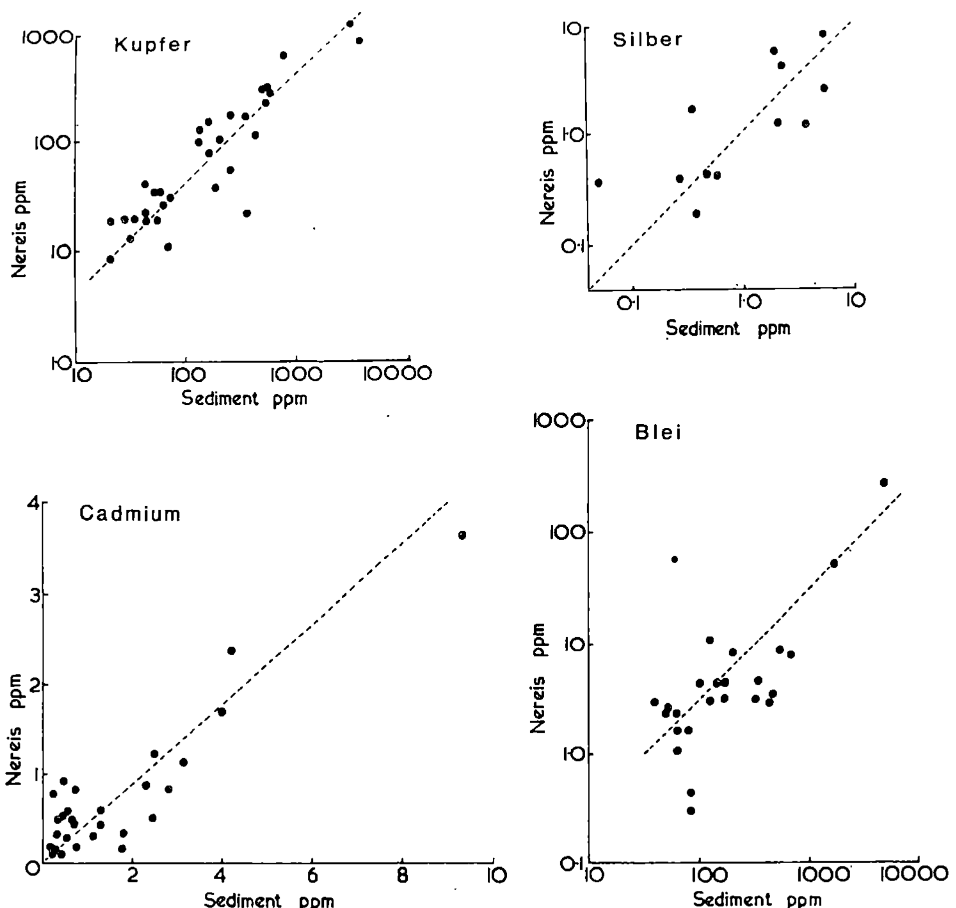

<u>Abb. 50.</u> In Südwestengland kann man Sedimente mit sehr unterschiedlichem Schwermetallgehalt finden, je nach den geologisch-mineralogischen Bedingungen und den Abwasserverhältnissen der Bergwerke. Entsprechend unterschiedlich sind die Schwermetallkonzentrationen in dem Polychaeten *Nereis diversicolor* von verschiedenen Fundstellen. Zwischen Schwermetallkonzentration im Sediment und im Körpergewebe bestehen einfache Beziehungen. Konzentrationsangaben in mg/kg (= ppm) Trockengewicht. (Nach BRYAN, 1974)

Weltweit scheint Kadmium kein Stoff zu sein, dessen Konzentrationen sich durch menschliche Aktivität erhöht hätten. Die geringe Menge von 15.000 t Weltjahresproduktion steht 28 Millionen Tonnen im Wasser der Weltmeere gegenüber. In Küstennähe jedoch ist Abwassereinfluß deutlich. Überall dort sind die Konzentrationen von Kadmium und anderen Spurenelementen in Organismen erhöht, wo entweder die geologischen und bergwerksmäßigen Bedingungen dafür vor-

liegen (Abb. 50, Tabelle 29) oder wo mit Abwasser und Klärschlamm
Spuren solcher Elemente in das Meer gelangen (Abb. 28, 41 und 51,
Tabelle 30). Eine strenge Überwachung der Verhältnisse ist hier
notwendig.

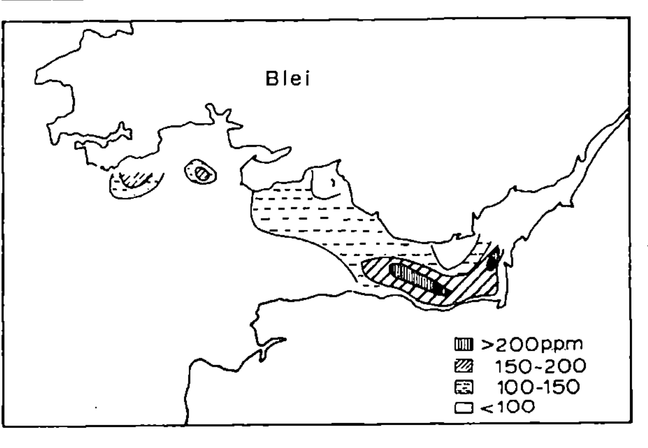

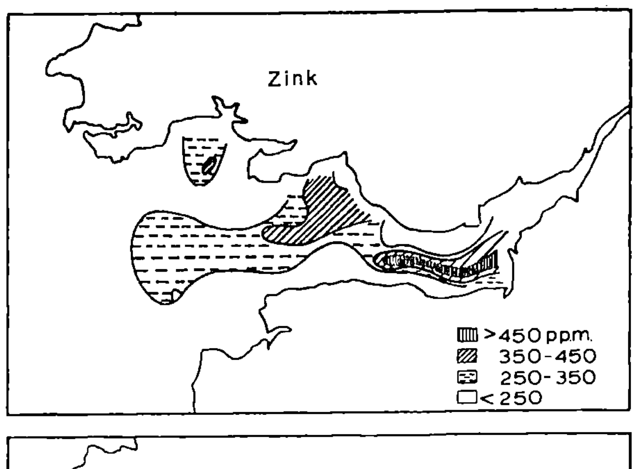

Abb. 51. Das Ästuar des Severn und die Meeresbucht des Bristol Channel nehmen große Mengen Schwermetalle aus dem Industriegebiet von Bristol und Cardiff sowie aus den Bergwerksgebieten von Südwales auf. Das spiegelt sich in den Konzentrationen von Zink und Blei in der feinkörnigen Fraktion (unter 61 µm) der Sedimente. Angaben in mg/kg = ppm trockenes Sediment. (Aus CHESTER u. STONER, 1975)

Tabelle 29. Wo Arsen in natürlich vorkommenden Mineralien angereichert ist, enthalten auch Gewässer und Organismen hohe Arsenkonzentrationen. Die höchsten Arsenkonzentrationen in Fischen
wurden bei Marmorilik in Westgrönland gefunden. In der Tabelle
sind Angaben aus den Jahren 1972/73 zusammengestellt, bevor in
dieser Gegend der bergwerksmäßige Abbau von Mineralien erfolgte.
Angaben in mg/kg Trockengewicht. (Nach BOHN, 1975)

Art	Muskel	Leber
Tiefsee-Garnele *(Pandalus borealis)*	62 (52- 71)	–
Grönland-Dorsch *(Gadus ogac)*	63 (24-152)	22 (8- 46)
Gefleckter Katfisch *(Anarrhichas minor)*	78 (17-195)	40 (19- 56)
Schwarzer Heilbutt *(Reinhardtius hippoglossoides)*	70 (15-307)	94 (24-228)
Seeteufel *(Acanthocottus scorpius)*	43 (19- 72)	58 (20-126)
Doggerscharbe *(Hippoglossoides platessoides)*	188 (17-290)	240 (78-512)

Tabelle 30. Spurenstoffanalysen in marinen Sedimenten. Die Zahlen beziehen sich auf mg/kg Trockensediment. (Daten verschiedener Autoren nach CHESTER u. STONER, 1975)

	Mn	Cu	Ni	Co	Ga	Cr	V	Ba	Sr	Sn	Zn	Pb
unverschmutzt												
Solway Firth, 204-μm-Fraktion	360	10	38	16	15	35				7		
Golf von Paria	2.000	19	31	12		100	130	750	250			20
Soanich Inlet, British Columbia	370	38	33	9		86	110				88	20
desgleichen, sauerstoffarmes Sediment	400	45	26	8		35	37				80	
Ostsee	4.030	78	43	22		90	130	750	130	6	110	25
Durchschnittswert für küstennahe Sedimente (nach WEDEPOHL)	850	48	55	13	19	100	130	750	250		95	20
verschmutzt												
Firth of Clyde, 204-μm-Fraktion	1.118	37	50	34		64				19	165	86
Clyde-Ästuar, Silt	1.600	225	69	60		624				85	1.680	528
Sor-Fjord, Norwegen		2.424						1.617		303	20.016	11.367
Severn-Ästuar, Fraktion unter 61 μm	1.820	38	36	7	17	71	86	250	400	101	280	119

10. Globale Meeresverschmutzung mit Chlorkohlenwasserstoffen

10.1. Übersicht

Einfache Chlorkohlenwasserstoffe werden zusammen mit anderen Halogenmethanen von der Meeresvegetation produziert (Tabelle 31). Auch dort, wo Chlorgas in natürliche Gewässer eingeleitet wird, können einfache Chlorkohlenwasserstoffe entstehen. Industriell werden in großen Mengen Chlorkohlenwasserstoffe mit einem oder zwei Kohlenstoffatomen hergestellt und verwendet. Chloräthylenverbindungen (1973 etwa 2 Millionen Tonnen Weltproduktion) und Chlorfluormethan (1 Million Tonnen) werden als Reinigungsmittel und als Treibgas für Spraydosen verwendet, doch scheinen sie weder persistent zu sein noch sich anzureichern, so daß keine Gefahr für die Lebensräume des Meeres besteht. Ungünstiger steht es mit industriellen Lösungsmitteln und Zwischenprodukten, wie Vinylchlorid (10 Millionen Tonnen), Chloräthan (20 Millionen Tonnen) und Tetrachlorkohlenstoff (1 Million Tonnen), welche zwar nicht absichtlich in die Umwelt entlassen werden, sich aber doch beispielsweise im Wasser und im Sediment der Liverpool Bay nachweisen lassen (PEARSON u. McCONNELL, 1975). Wenn diese Stoffe in die Atmosphäre gelangen, findet dort unter dem Einfluß der Sonnen-

Tabelle 31. Einige Chlorkohlenwasserstoffe sind das Produkt mikrobieller Gärungsprozesse oder entstehen bei Schwelbränden. Auch in Beständen der Alge *Laminaria* werden Chlorkohlenwasserstoffe produziert. Halogenmethane lassen sich nicht nur zwischen Tangwäldern, sondern auch im Oberflächenwasser des offenen Ozeans nachweisen. (Nach LOVELOCK, 1975)

Datum	Material	ml Gas/1.000 m^3 Seewasser		
		CH_3Cl	CH_3Br	CH_3J
1971/72	Ozeanwasser, Atlantik, Antarktis	0,135	-	-
1973	Ozeanwasser, Atlantik, Karibik	0,138	-	-
1973	Seewasser, SW-Irland	3,4	-	-
1973	Seewasser in Algenbestand, SW-Irland	120,0	-	-
1975	Küstennahes Seewasser, Dorset	7,2	2,0	1,3
1975	Küstennahes Seewasser, Dorset	5,9	1,5	1,2
1975	Küstennahes Seewasser, Dorset	21,0	3,9	2,8

strahlung Photooxidation zu Salzsäure statt, so daß von einer
weltweiten Bedrohung wohl nicht die Rede ist. Die Aufmerksamkeit
muß aber einigen gefährlicheren Neben- und Zwischenprodukten gelten, wie dem Hexachlorbutadien, welches sich bis 1.000fach in Organismen anreichert. Aufmerksam müssen auch die offensichtlich
verwickelten Prozesse studiert werden, in denen Chlorverbindungen
von der belebten Umwelt verändert werden. Schließlich ist auch
der gefährliche EDC-Teer (s. Kap. 4) ein Abfallprodukt bei der
Herstellung von Vinylchlorid.

PCBs oder polychlorierte Biphenyle werden schon seit 1929 industriell verwendet und erfreuten sich in den vergangenen Jahren
steigender Beliebtheit (Tabelle 32). Es handelt sich um ölige
Substanzen, welche kaum mit anderen Substanzen reagieren und auch
gegen hohe Temperaturen unempfindlich sind. Deshalb werden sie als
Kühlflüssigkeit und Wärmeaustauscher, z.B. in elektrischen Trans-
formatoren, eingesetzt. Aber auch als Träger für andere Substanzen sind sie weit verbreitet; vor einigen Jahren enthielten Chlor-
kautschukfarben und PVC etwa 5-8% PCB, bewuchshemmende Unterwas-
serschiffsfarben 3-5% und farbloses Kopierpapier 1-2% (JENSEN,
1972). Auch bestimmte Fabrikate von Immersionsöl für die Mikro-
skopie bestanden zu 30-45% aus PCB (BENNETT u. ALBRO, 1973).

Tabelle 32. Produktion von PCB in den USA. Die Weltproduktion ist
schätzungsweise doppelt so groß. (Nach LONGHURST u. RADFORD, 1975)

1960	1961	1962	1963	1964	1965	1966	1967	1968	1969	1970	1971
17,2	16,6	17,4	20,3	23,1	27,5	29,5	34,2	37,6	34,7	38,6	18,3

(in 1.000 Tonnen)

Die Mengen an PCB, welche von der chemischen Industrie produziert
wurden, sind geringer als die Mengen der Organochlorpestizide. In
bestimmten Ländern wurden aber viel mehr PCBs als Organochlorpestizide verwendet, was erklären mag, daß in Proben aus dem Nordatlantik sich mehr PCB als DDT findet. Schweden importierte im Jahr
1969 600-700 Tonnen PCB, etwa 12mal mehr als DDT (JENSEN, 1972).
Als die Umweltgefahren durch PCB erkannt wurden, ist die Produktion drastisch erniedrigt worden, in den USA von 1970 38.000 t
auf 18.000 t im Jahr 1971 (Tabelle 32). Angeblich werden von den
wenigen Herstellern nur solche Kunden bedient, bei denen sicher-
gestellt ist, daß PCB nicht in die Umwelt gelangt. Die britischen
Hersteller verfahren ähnlich und Japan hat 1972 die Produktion eingestellt. In Norwegen, Schweden und in der Schweiz wird die Verwendung von PCB durch Gesetze geregelt, in der Bundesrepublik
Deutschland bis zum April 1976 noch nicht.

Übrigens ist diskutiert worden, ob sich unter der Einwirkung
ultravioletten Sonnenlichts aus DDT polychlorierte Biphenyle
bilden könnten. Zwar scheint das prinzipiell möglich zu sein,
aber für die praktischen Umweltprobleme ist dieser Vorgang nicht
von Interesse, weil die in verschiedenen Organismen akkumulierten
PCBs anders sind und denen entsprechen, welche am häufigsten industriell angewendet werden (PLIMMER u. KLINGBIEL, 1973).

DDT (Dichlor-Diphenyl-Trichloräthan) ist zwar als organische Verbindung schon seit 100 Jahren bekannt, aber erst seit dem Zweiten
Weltkrieg wird es als Waffe gegen Schadinsekten eingesetzt. Von
3.500 t im Jahr 1945 stieg die Jahresproduktion in den USA während der sechziger Jahre auf 48.000-82.500 t, und für 1970 kann
die Weltjahresproduktion mit etwa 100.000 t veranschlagt werden
(GOLDBERG, 1975). Schätzungen gehen dahin, daß bis 1974 insgesamt
2,8 Millionen Tonnen produziert und angewendet wurden.

Inzwischen ist in vielen Ländern die Anwendung von DDT verboten
oder durch Verordnung sehr stark eingeschränkt worden; nur dort
darf es benutzt werden, wo sich bestimmte Schädlingsarten bisher
nicht wirksam auf anderen Wegen bekämpfen lassen, wie bei Zwiebel-
kulturen sowie Pfeffer und Süßkartoffeln in bestimmten Gebieten
der USA. Es sind Bestrebungen im Gange, die Verwendung von DDT
bei der Ungezieferbekämpfung im Haushalt zu unterbinden. In jedem
Land handelt es sich dabei erneut um eine Auseinandersetzung zwischen handfesten wirtschaftlichen Interessen von Industrie und
Verbrauchern gegenüber Umweltschutzbestrebungen langfristiger
Art.

In der Bundesrepublik Deutschland war das DDT-Problem nie gra-
vierend, weil DDT auch in den sechziger Jahren nur etwa 3% aller
im Pflanzenschutz verwendeten Mittel darstellte. In den Entwick-
lungsländern dagegen glaubt man vielfach, auch in Zukunft nicht
auf die weiträumige Anwendung von DDT verzichten zu können, weil
kein anderes Mittel bisher mit DDT in Wirksamkeit, relativer Un-
giftigkeit für Mensch und Vieh sowie Herstellungskosten konkur-
rieren kann. Deshalb ist das DDT-Problem nach wie vor aktuell.

Die USA stellten 1969 insgesamt 63.400 t DDT her und exportierten
davon nicht weniger als 49.600 t in andere Länder. Über 60% davon
wurden nicht in der Landwirtschaft, sondern für die Bekämpfung der
Malaria übertragenden Stechmücken gebraucht. Von den Mengen, welche die Landwirtschaft beanspruchte, gingen 70% auf die Baumwoll-
plantagen (GOLDBERG, 1975). Wenn man eine wirkungsvolle Mücken-
bekämpfung in den Ländern der Dritten Welt durchführen will, dann
werden dafür in den kommenden Jahren jährlich etwa 47.000 t DDT
gebraucht. Will man in Zukunft eine weitere Intensivierung des
Baumwollanbaus betreiben, dann braucht die tropische Landwirtschaft dazu alljährlich 69.000 t DDT. Diese Vorausschätzungen
mögen wie alle Zukunftsprognosen zweifelhaft sein, sie zeigen
aber, daß auch in den kommenden Jahren mit einem DDT-Verbrauch
in etwa der gleichen Größenordnung wie bisher gerechnet werden
muß, nur daß sich der Schwerpunkt der Anwendung in die tropischen
Zonen verlagert.

Neben DDT wurde ein ganzes Arsenal weiterer Pflanzenschutzmittel
aus der Gruppe der Chlorkohlenwasserstoffe entwickelt, wie Aldrin,
Chlordan, Dieldrin, Endrin, Heptachlor, Heptachlorphenol und Me-
thoxychlor. Lindan ist γ-Hexachlorcyclohexan (γ-BHC); α- und β-
BHC sind Isomere, welche als Abfallstoffe entstehen. Hexachlor-
benzol (HCB) wird als pilztötendes Mittel eingesetzt, bildet sich
aber auch als Abfallprodukt bei der Herstellung anderer Chlorkohlenwasserstoffe. Mit etwa 26.000 Tonnen jährlich ist Toxaphen in
den USA das am häufigsten gebrauchte Insektizid, vor allem als

Schutzmittel gegen Termitenfraß. Es handelt sich um polychlorierte
Camphene. Insgesamt mag die Gesamt-Weltjahresproduktion an Pestiziden aus den Gruppe der Chlorkohlenwasserstoffe in den Jahren
1969/1970 um 200.000-300.000 t gelegen haben (MAIER-BODE, 1969;
DUURSMA u. MARCHAND, 1974).

Inzwischen sind weitere Chlorkohlenwasserstoffe bekannt geworden,
welche großräumige Umweltbedeutung haben könnten, wie polychlorierte Terphenyle, Pentachlorphenol, Dechloran und andere (HAL-
LAS, 1973; KAISER, 1974), aber vorläufig ist nicht genug darüber
bekannt. Auch ist in den letzten Jahren in gewaltigem Umfang die
Verwendung von Unkrautvernichtungsmitteln (Herbiziden) an die
Stelle des Hackens und Jätens in der Landwirtschaft getreten. In
der Bundesrepublik Deutschland stellen· die Herbizide zwei Drittel
aller Pflanzenschutzmittel. Über ihre Langzeitwirkung ist noch
nicht genug bekannt. Zwar sollen sich die meisten Verbindungen
im Erdboden zersetzen, so daß sie nicht in die marinen Lebensräume gelangen können, aber z.B. Paraquet, zur Vernichtung von
Wasserpflanzen im Süßwasser eingesetzt, verändert sich offenbar
nur langsam und wirkt auf Meeresalgen giftig (MOSS u. WOODHEAD,
1975).

Schließlich muß genau verfolgt werden, welche weiteren Stoffe bei
der Herstellung von Chlorkohlenwasserstoffen unkontrolliert als
Beimengungen oder Abfall entstehen. So sind den PCBs regelmäßig
extrem giftige chlorierte Dibenzofurane beigemengt (Tabelle 33),
und im April 1976 beunruhigten Zeitungsmeldungen, wonach das
Herbizid 2,4,5-T (2,4,5-Trichlorphenoxyessigsäure) verunreinigt
ist mit TCDD (2,3,7,8-Tetrachlor-Dibenzo-p-Dioxin), einer sehr
giftigen und akkumulierbaren Chemikalie.

Tabelle 33. In den handelsüblichen polychlorierten Biphenylen
(PCB) sind fast immer als Verunreinigung chlorierte Dibenzofurane enthalten, welche extrem giftig sind. Da sie analytisch schwer
faßbar sind, war es bisher nicht möglich, sie in Proben aus dem
marinen Bereich nachzuweisen, es muß aber vermutet werden, daß
sie dort etwa in denjenigen Mengen vorkommen, wie ihrem Anteil
am PCB entspricht. (Nach BOWES et al., 1975)

PCB	mg chlorierte Dibenzofurane/kg PCB			
mit	4 Cl	5 Cl	6 Cl	insgesamt
Aroclor 1248 (1969)	0,5	1,2	0,3	2,0
Aroclor 1254 (1969)	0,1	0,2	1,4	1,7
Aroclor 1254 (1970)	0,2	0,4	0,9	1,5
Aroclor 1260 (1969)	0,1	0,4	0,5	1,0
Aroclor 1260 (AK3)	0,2	0,3	0,3	0,8
Aroclor 1016 (1972)	unter 0,001	(Nachweisgrenze)		
Clophen A 60	1,4	5,0	2,2	8,4
Phenoclor DP 6	0,7	10,0	2,9	13,6

Leider ist die Analyse der Chlorkohlenwasserstoffe trotz Gaschro-
matograph und Massenspektrometer eine sehr mühsame Arbeit, vor
allem dann, wenn man nicht nur eine bestimmte, gut bekannte Ver-

bindung analysieren, sondern unbekannte Komponenten aufspüren
will. Es gelang erst 1966, die PCBs vom DDT und seinen Umwand-
lungsprodukten zu trennen. Auch in Zukunft wird sich aus ver-
besserten analytischen Methoden noch manche Überraschung ergeben.

10.2. Transportwege und Konzentrationen

Abgesehen von Schiffsbodenfarbe und Hydrauliköl wird PCB nicht
auf dem Meer verwendet. Pestizide werden nur zu einem geringen
Teil als Holzschutzmittel im Bootsbau verwendet, die überwiegende Menge wird in den Lebensräumen des Landes verstreut und versprüht. Dennoch hat sich bestätigt, was 1966 als Sensation bekannt wurde: Sogar in den Robben und Pinguinen der Antarktis sind
etwa 0,05 mg/kg DDT-Verbindungen gespeichert (HOLDEN, 1970), und
sogar im Schnee der Antarktis, einige 100 km vom Eisrand entfernt,
lassen sich Spuren von DDT-Verbindungen ($0,1-2 \cdot 10^{-6}$ mg/kg) nachweisen (PEEL, 1975). Im Wasser und in den Organismen des Nordatlantiks ist PCB gewöhnlich stärker als DDT konzentriert (Abb. 53),
und auch in den Fischen der thailändischen Küste ist nicht nur
DDT (in etwa gleichen Mengen wie in Proben aus dem Nordatlantik),
sondern auch PCB enthalten (HUSCHENBETH u. HARMS, 1975).

PCB ist auch bei hohen Temperaturen resistent. Erst wenn 800°C
wesentlich überschritten werden, findet die wirkliche Verbrennung
zu Kohlensäure und Salzsäure statt. Bei geringeren Verbrennungs-
temperaturen gelangen die PCBs unverändert in die Atmosphäre. Wenn
DDT zur Bekämpfung von Schadinsekten versprüht wird, gelangt nur
ein Teil auf die Pflanzen und auf den Boden, ein Teil bleibt fein
verteilt in der Atmosphäre und wird mit Luftströmungen transportiert. Auch sonst geht DDT in die Atmosphäre über, obwohl der
Dampfdruck sehr niedrig ist. Dabei wirken eine Reihe komplizier-
ter Mechanismen, z.B. der Transport zusammen mit verdunstendem
Wasser. Allerdings ist das ein langsamer Prozeß, und verfolgt man
den DDT-Gehalt im Erdboden, dann sieht man erst nach 4-30 Jahren,
im Mittel nach 10 Jahren, daß DDT sich auf 5% der ursprünglichen
Menge verringert hat (EDWARDS, 1966).

Ursache für das Verschwinden des DDT aus dem Boden könnte natürlich auch der Abbau zu anderen Substanzen sein. Es gibt einige Beobachtungen, daß im Experiment ein gewisser Abbau des DDT unter mikrobieller Wirkung erfolgt, aber die Ergebnisse sind bisher widersprüchlich (FRIES, 1972). Effektiver ist der Abbau von Lindan, Dieldrin und Endrin unter bestimmten Bedingungen; daran sind Bakterien
und Bodenpilze beteiligt. In umfangreichem Maße wandeln auch im Meer
Mikroorganismen DDT in DDD (mitunter auch als TDE bezeichnet) um,
und in Tieren und anderen Organismen findet die Umwandlung zu DDE
statt. DDD und DDE unterscheiden sich aber in der Giftwirkung nur
wenig vom DDT und sind weitgehend persistent, abgesehen von weiteren
Umwandlungen zu ähnlichen Verbindungen[3]. Allerdings entdeckt man

---

[3] Wenn im Text Konzentrationsangaben für DDT gemacht werden, dann
wird damit die Gesamtmenge des DDT und seiner Umwandlungsprodukte,
wie z.B. DDD und DDE, verstanden (Σ DDT). Wenn nicht anders angegeben, dann beziehen sich die Konzentrationsangaben auf Feuchtgewicht.

bei sehr sorgfältiger Analyse auch polare Komponenten, welche
einen weitergehenden Abbau der DDT-Verbindungen signalisieren
könnten (ERNST u. GOERKE, 1974): Solche Komponenten wurden bei
Versuchen mit Seezungen *(Solea solea)* gefunden, aber es gibt Hinweise, daß sie nicht von den Seezungen selbst, sondern von der
Bakterienflora im Seezungendarm produziert wurden. Im Kot von
Lummen *(Uria aalge)* und Kegelrobben *(Halichoerus grypus)* aus der Ostsee wurden phenolische Stoffwechselprodukte von DDT und PCB gefunden, welche auf einen besonderen Stoffwechsel dieser Warm-
blüter hinweisen. Die Zusammensetzung der PCBs ist hier auch anders als in der Beute, dem Hering *(Clupea harengus)* (JANSSON et al.,
1975). Die Forschung steht hier noch am Anfang. Zur Zeit kann nur
festgestellt werden, daß manche chlorierte Kohlenwasserstoffe so
gut wie persistent sind: Sie werden weder chemisch, noch unter dem
Einfluß ultravioletter Strahlen, noch durch Mikroorganismen, noch
im Organismus von Tieren in nennenswertem Ausmaß zu unschädli-
chen Komponenten abgebaut.

Verschiedene Spekulationen über die Mengen DDT, welche in den
vergangenen Jahrzehnten in die Weltozeane gelangt sein könnten,
sind durchgeführt worden. Wenn man unterstellt, daß etwa die
Hälfte des angewendeten DDT in die Atmosphäre übergeht (BUTLER
et al., 1972; LLOYD-JONES, 1971) und daß etwa ein Viertel mit
Niederschlägen aus der Atmosphäre ausgewaschen wird und in die
Ozeane gelangt (RISEBROUGH et al., 1972), dann müßten sich von
den bis 1974 produzierten 2,8 Millionen Tonnen DDT noch 700.000 t
in den Ozeanen befinden. Bei einer Meeresoberfläche von $3,6 \cdot 10^{14}$
m^2 sind das etwa 2.000 µg/m^2 oder bei 3.700 m mittlerer Wassertiefe 0,5 µg DDT/m^3 Wasser. Das ergibt Konzentrationen von etwa
0,0005 µg/l, etwas weniger als tatsächlich in Wasserproben gemessen wurde (s. unten).

1970 wurden etwa 100.000 t DDT angewendet; wenn davon ein Viertel
oder 25.000 t in die Ozeane gelangen, dann ergibt das einen Jah-
reseintrag von 70 µg/m^2 oder von 0,7 µg/m^3 in der biologisch wichtigen, 100 m mächtigen Oberflächenschicht des Meeres. Auf jeden
Liter Seewasser kämen dann 0,0007 µg Zulieferung an DDT. Größenordnungsmäßig decken sich diese Rechnungen mit einigen DDT-Messun-
gen im Regenwasser. Jährlich gehen $3 \cdot 10^{14}$ m^3 Regen auf die Weltozeane nieder, fast 1 m^3/m^2 Meeresoberfläche. Zu überprüfen wäre
aber, ob tatsächlich weltweit mit einem Wert von 80 µg DDT/m^3
Regenwasser gerechnet werden kann. In Westschweden wurden als
"fall-out" aus der Atmosphäre jährlich 6-120 µg PCB, aber nur
1,2-2,4 µg DDT/m^2 gefunden (Tabelle 34). Aber es gibt auch Berechnungen, nach denen 1966 nicht weniger als 400.000 t DDT in
der Weltatmosphäre enthalten waren (WHEATLEY, 1973). Luftproben
von den Bermudas und von der Region zwischen den USA und den Bermudas enthielten übrigens etwa 0,6 ng/m^3 Toxaphen, etwa die gleiche
Menge PCB, aber wesentlich weniger DDT (BIDLEMAN u. OLNEY, 1975).

Natürlich sind globale Rechnungen gegenwärtig noch sehr unsicher
und stellen keine fundierten wissenschaftlichen Ergebnisse dar.
Man weiß auch noch viel zu wenig über das Ausmaß, in welchem DDT
auf dem Wege der Sedimentation wieder aus der Biosphäre entfernt
wird, also in solchen Meeressedimenten sich findet, welche dem
biologischen Kreislauf entzogen sind. Erschreckend muß aber sein,

daß verschiedene Rechenexempel größenordnungsmäßig übereinstimmen,
so daß die Wahrscheinlichkeit wächst, sie könnten richtig sein.

Tabelle 34. Chlorierte Kohlenwasserstoffe werden durch die Luft
transportiert und gelangen als "fall-out" auf die Oberfläche der
Erde und der Ozeane. In Südschweden wurden während der Monate
Januar bis März 1971 DDT-Verbindungen und PCB gemessen. Die Werte
schwanken beträchtlich, doch ist der wesentlich höhere Gehalt an
PCB auffallend. Bei vorherrschend westlichen und südwestlichen
Winden können PCB's aus der industrialisierten Region am Öresund
ebenso wie aus dem mitteleuropäisch-britischen Industrierevier
stammen. Angaben sind das Monatsmittel in µg/m^2. (Nach SÖDERGREN,
1972)

	DDT	PCB
Landwirtschaftliche Gegend südlich von Malmö	0,33	10,51
Stadt Malmö	0,41	9,86
Stadt Lund	0,46	1,74
Landwirtsch. Gegend östlich von Lund	0,17	5,98
Landwirtsch. Gegend südöstlich von Malmö	0,20	0,85
Landwirtsch. Gegend östlich von Lund	1,65	1,90
Ostküste von Schonen	2,07	2,19
Südliches Mittelschweden	0,10	0,62

Eine Analyse der chlorierten Kohlenwasserstoffe im Meerwasser
direkt ist aus vielen Gründen sehr schwierig. Einmal ist Meerwasser wegen seines Salzgehaltes ein schwieriges Medium für den
Chemiker, zum anderen ist sehr unklar, in welcher Form z.B. DDT
wirklich im Meerwasser vorhanden ist. Sicher ist, daß nur ein
geringer Teil echt gelöst ist, wenn überhaupt, und daß sich der
größere Teil entweder als Aggregate findet, die so klein sind,
daß sie Filter passieren, oder an Partikel von weniger als 1 µm
Durchmesser angelagert ist. Sicher ist auch, daß sich chlorierte
Kohlenwasserstoffe sehr intensiv an organisches Material anlagern,
sich insbesondere in Fetten lösen. So kommt es zu der enormen Anreicherung von chlorierten Kohlenwasserstoffen in Organismen.

In unverschmutztem Meerwasser von der hohen See soll die DDT-
Konzentration 0,001-0,002 µg/l betragen, in den stärker auch von
industriellen Quellen verschmutzten Seegebieten vor Kalifornien
0,002-0,005 µg/l. Bis zu 0,15 µg/l PCB wurden im Wasser des Nordatlantiks gemessen, allgemein waren jedoch 1971/72 Werte von etwa
0,03 µg/l. Messungen 1973/74 ergaben nur noch 0,008 µg/l als großräumigen Durchschnittswert (Tabelle 35), und es wird jetzt diskutiert, ob der Rückgang tatsächlich bereits eine Folge der redu-
zierten PCB-Produktion sein kann (LONGHURST u. RADFORD, 1975).

Es ist bekannt, daß Meerestiere DDT aus dem Meerwasser aufnehmen
und sehr stark akkumulieren. Man kann bei Fischen mit Konzentrationsfaktoren zwischen 10.000 und 100.000 rechnen, wenn man die

Tabelle 35. PCB-Analysen im Wasser des Nordatlantiks während der Jahre 1971-1974 deuten vielleicht einen Rückgang der Konzentrationen an, der mit der seit 1970 verringerten PCB-Produktion zusammenhängen könnte. (Nach HARVEY et al., 1974b)

Jahr	Meeresgebiet	(µg/l)
1971	Island - Nova Scotia	0,025
1972	Neufundland bis Portugal	0,041
	Portugal bis Norwegische See	0,036
	Woods Hole bis Bermudas	0,030
1973	Sargassosee	0,001
	Azoren bis Barbados	0,002
	Sargassosee bis New York	0,0008
1974	Schelf vor New England	0,0008

Angaben auf das Feuchtgewicht bezieht (s. Kap. 6.3). Allerdings gibt es von Art zu Art beträchtliche Unterschiede, welche überwiegend mit der chemischen Beschaffenheit des Organismengewebes

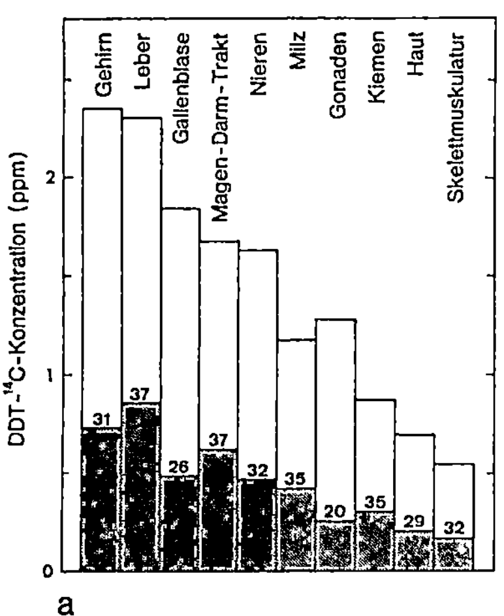

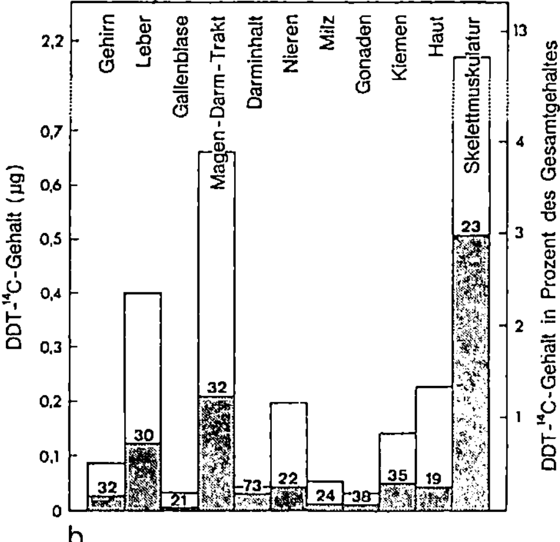

Abb. 52a und b. In den verschiedenen Organen eines Fisches wird DDT unterschiedlich gespeichert. Die Diagramme zeigen das Ergebnis von Versuchen mit Seezungen *(Solea solea)*, welchen 17 µg radioaktiv markiertes DDT verfüttert worden waren. Es wird (a) die DDT-Konzentration (mg/kg Feuchtgewicht = ppm) in den einzelnen Organen angegeben, sowie (b) die absolute DDT-Menge in Fischen, welche 3 Tage nach der DDT-Verfütterung geschlachtet wurden (weiße Balken). Schwarze Balken zeigen, wieviel DDT sich noch in den Geweben findet, wenn die Fische anschließend an die DDT-Verfütterung 2 Monate in DDT-freien Bedingungen gehalten wurden und DDT an das Aquarienwasser abgeben konnten. Die Zahlen nennen den in dieser Zeit nicht eliminierten Prozentsatz DDT. (Aus ERNST u. GOERKE, 1974)

zusammenhängen; fettreiche Organismen weisen entsprechend der Affinität chlorierter Kohlenwasserstoffe zu Fett höhere DDT- und PCB-Gehalte auf als magere.

Die Aufnahme der chlorierten Kohlenwasserstoffe findet nicht nur aus dem umgebenden Seewasser, sondern auch mit der Nahrung statt. Im Experiment kann man Seezungen mit Fleischstücken füttern, welche zuvor mit DDT präpariert worden waren (ERNST u. GOERKE, 1974). Wenn im Laufe von 4 Wochen einem Fisch 17 µg DDT verfüttert wurden, dann zeigt sich in seinem Körpergewebe ein DDT-Gehalt von 0,5-0,8 mg/kg, wobei Gehirn, Leber und Darm wesentlich höhere Konzentrationen als das Muskelfleisch aufweisen. Während des Versuches hatten diese Fische etwa 60% des insgesamt verfütterten DDT in sich gespeichert (Abb. 52). DDT wird aber auch abgegeben: Wenn die belasteten Fische anschließend 2 Monate in DDT-freiem Wasser gehalten wurden, schieden sie etwa 60% des in ihrem Körper enthaltenen DDT wieder aus. Aufnahme und Abgabe von DDT und anderen chlorierten Kohlenwasserstoffen ist also ein kompliziertes Wechselspiel zwischen Konzentration des Schadstoffes im Wasser, in der Nahrung und im Organismus. So ist es auch zu erklären, daß Räuber umso höhere DDT- und PCB-Werte aufweisen, je höher sie in der Nahrungskette stehen.

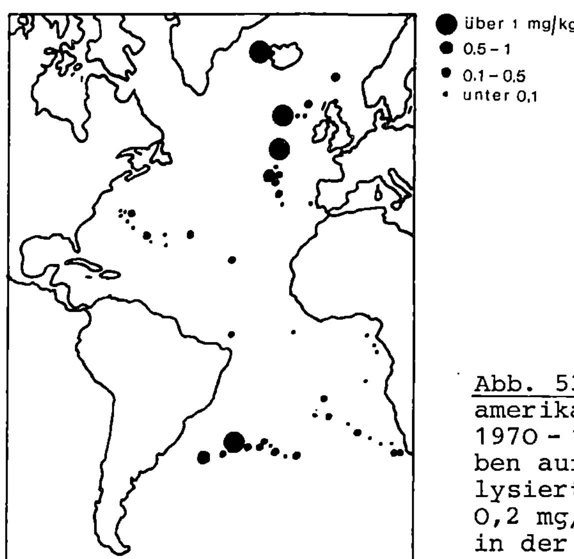

Abb. 53. Auf Fahrten verschiedener amerikanischer Forschungsschiffe 1970 - 1972 wurden Zooplankton-Proben auf ihren Gehalt an PCB analysiert. Im Durchschnitt wurden 0,2 mg/kg Feuchtgewicht gefunden, in der Regel 30mal so viel PCB wie DDT. (Nach HARVEY et al., 1974a)

Bisher ist der Behauptung nicht widersprochen worden, daß es mit den heute verfügbaren Methoden möglich sei, chlorierte Kohlenwasserstoffe in allen Organismen des Meeres nachzuweisen, bis in die polaren Meere und bis in die Tiefsee. Die großräumigen Unterschiede scheinen dabei nicht sehr groß zu sein. 1970/71 war im Atlantik zwischen 66° N und 33° S überall PCB in größeren Mengen als DDT vertreten (HARVEY et al., 1974a). Im Oberflächenplankton lagen die Werte bei 0,2 mg PCB/kg Feuchtgewicht (Abb. 53), während in den tieferen Schichten des Mesopelagials nur ein Zehntel dieser

Konzentrationen angetroffen wurde. 1973 allerdings wurden bei den
mesopelagischen Fischen im Golf von Mexiko bis zu O,5 mg/kg PCB
gemessen (BAIRD et al., 1975). PCB war bei diesen Untersuchungen
etwa 3Omal häufiger als DDT.

1O.3. Auswirkungen

In der Bundesrepublik Deutschland ist 1974 die "Verordnung über
Höchstmengen an DDT und anderen Pestiziden in oder auf Lebens-
mitteln tierischer Herkunft" in Kraft getreten. DDT-ähnliche Stoffe dürfen danach nicht in höheren Konzentrationen als 2 mg/kg bei
Seefischen vorhanden sein, Ausnahmen werden für Aal *(Anguilla anguilla)*, Lachs *(Salmo salar)* und Stör *(Acipenser sturio)* gemacht, wo 3,5
mg/kg die Grenze sind. Für Fischleber und für aus Leber oder Ro-
gen gewonnenes Fischöl werden 5 mg/kg als Grenze festgelegt.

Nun darf man nicht unbedenklich glauben, solche gesetzlichen
Festlegungen bedeuten, daß es wissenschaftlich erwiesen ist,
2 mg/kg sei mit 1OOfacher Sicherheit für den Menschen unschädlich. Zuwenig ist noch über die Langzeitwirkung von chlorierten
Kohlenwasserstoffen auf den Menschen bekannt, und es ist unsicher,
ob die Grenze zu hoch oder zu niedrig angesetzt wurde. Bei der Gesetzgebung gehen neben toxikologischen Befunden viele weitere Argumente ein; berücksichtigt werden die Eßgewohnheiten (weil es
sich um teure Delikatessen handelt, kann man bei Aal, Lachs und
Stör die Grenze höher ansetzen) und wirtschaftliche Belange. In
der Praxis gewährleistet die Verordnung, daß Fische aus besonders
belasteten Küstengebieten, wie dem Sogne-Fjord (s. Kap. 3.3),
nicht in den Handel kommen dürfen, daß aber die Fische aus Nord-
und Ostsee und aus den entfernteren Fanggebieten unbedenklich
sind. Schwierigkeiten kann hier allenfalls Fischleber machen, die
mitunter höhere Werte als 5 mg DDT/kg aufweist. Bedenklich ist
natürlich auch, daß PCB bisher noch nicht von der Gesetzgebung
berücksichtigt worden ist: In der Art der Giftwirkung sind die
PCBs dem DDT ähnlich, allerdings ist die Toxizität erheblich geringer. Ob die Daumenregel richtig ist, wonach DDT 1Omal giftiger
als PCB ist, muß jedoch noch offen bleiben.

Es gibt inzwischen umfangreiche Untersuchungen über den Gehalt
an Chlorkohlenwasserstoffen in den Speisefischen, welche in britischen und deutschen Fischereihäfen angelandet werden. Dorsch-
artige Fische, welche aus nördlichen Fanggebieten mindestens 4O
Seemeilen entfernt von den britischen Inseln stammen, haben höch-
stens O,O3 mg/kg DDT im Muskelfleisch, während die Leber bis 4,9
mg/kg enthalten kann. Bei küstennah gefangenen Dorschen ist die
Konzentration im Muskelfleisch bis O,68 mg DDT/kg, während in
der Leber Werte von O,11-21,2 mg/kg schwanken. Heringe haben in
ihrem fettreichen Fleisch mehr DDT, bis 1,4 mg/kg (AGRIC. RES.
COUNCIL, 197O). Auch in den Speisefischen, welche aus dem Nordatlantik in deutschen Häfen angelandet werden, liegen die DDT-
Konzentrationen unter O,1 mg/kg, die PCB-Konzentrationen sind
etwa doppelt so hoch. Dorschleber *(Gadus morrhua)* aus der Nordsee
hat O,9-3 mg/kg DDT und bis 11 mg/kg PCB (HUSCHENBETH, 1973).
Eine Zusammenstellung des "Internationalen Rates für Meeresforschung" (ICES, 1974) bestätigt, daß 2-5mal mehr PCB als DDT in

den Nordseespeisefischen vorhanden ist, mit Werten bis zu 0,8
mg/kg beim Dorsch, 0,6 mg/kg bei der Scholle *(Pleuronectes platessa)*
und 0,4 mg/kg beim Hering. Weitere Analysen sind in den Tabellen
36–38 zusammengestellt. Daraus kann man auch ersehen, wie das
Verhältnis von PCB und DDT zu anderen chlorierten Kohlenwasserstoffen ist.

Tabelle 36. 1971 waren sowohl in den Speisefischen von der
Georges-Bank (Ostküste der USA) als auch aus der Dänemark-Straße
zwischen Island und Grönland die Konzentrationen an PCB höher als
die an DDT. Die Angaben beziehen sich auf mg/kg Feuchtgewicht.
(Nach HARVEY et al., 1974a)

	Georges-Bank		Dänemark-Straße	
	PCB	DDT	PCB	DDT
Tiefsee-Garnele *(Pandalus borealis)*	0,36	0,007	0,018	0,001
Muskulatur				
Dorsch *(Gadus morrhua)*	0,038	0,011	0,002	0,003
Köhler *(Polachius virens)*	0,037	0,003	–	–
Schellfisch *(Melanogrammus aeglefinus)*	0,030	0,002	–	0,003
Schwarzer Heilbutt *(Reinhardtius hippoglossoides)*	–	–	0,068	0,021
Rotbarsch *(Sebastes marinus)*	0,190	0,073	0,360	0,032
Leber				
Dorsch	22,0	2,7	0,73	0,17
Köhler	2,8	1,1	–	–
	45,0	3,0	–	–
	1,5	1,0	–	–
Schellfisch	8,8	0,4	0,48	0,26
	3,9	1,6	–	–
	2,2	1,1	–	–
Schwarzer Heilbutt	–	–	0,10	0,33
Rotbarsch	1,9	0,7	0,90	0,19
	1,5	1,3	–	–

Der Mensch deckt nur einen kleinen Teil seines Nahrungsbedarfs
mit Fischen. Selbst wenn man gelegentlich einen Fisch mit über-
höhtem DDT-Gehalt gegessen haben sollte, ist das nicht kritisch,
sofern die Hauptnahrung einwandfrei bleibt; denn chlorierte Kohlenwasserstoffe wirken nicht spontan toxisch, sondern durch ihre
Akkumulation. Seevögel und Seesäuger ernähren sich ausnahmslos
vom Fisch und nehmen deshalb notgedrungen erhebliche Mengen an
chlorierten Kohlenwasserstoffen auf, wenn die Beutefische damit
verseucht sind (Abb. 54). So ist es verständlich, daß die See-

Tabelle 37. DDT- und PCB-Konzentration in Meerestieren aus dem Englischen Kanal (ca. 50° N; O-4° W, 60-70 m Wassertiefe, 1971; Daten aus ERNST et al., 1976), aus der Mittleren Nordsee (ca. 55° N; 6° O, 40-50 m Wassertiefe, 1972; Daten aus SCHAEFER et al., 1976) und aus dem Skagerrak (ca. 58° N, 7° O, 400 m Wassertiefe, 1972; Daten nach EDER et al., 1976). Die Zahlen beziehen sich auf µg/kg Feuchtgewicht

		PCB	DDT	PCB:DDT
Englischer Kanal 1971				
Grauer Knurrhahn	Leber	200-1.700	100- 500	2- 6
(Trigla lucerna)	Muskulatur	30- 120	10- 30	2- 6
Scholle	Leber	400-2.200	120- 500	3- 7
(Pleuronectes platessa)	Muskulatur	10- 40	3- 7	5- 9
Glattbutt	Leber	2.800	900	3
(Scophthalmus rhombus)	Muskulatur	30	5	5
Kamm-Muschel	Muskulatur	20- 50	3- 7	3-11
(Chlamys opercularis)				
Tintenfisch	Muskulatur	80- 180	10- 60	3- 7
(Loligo forbesi)				
Mittlere Nordsee 1972				
Hering *(Clupea harengus)*	Leber	130- 330	40- 80	2- 7
	Muskulatur	30- 110	10- 60	1- 7
Doggerscharbe *(Hippo-*	Leber	400- 600	50- 100	6- 8
glossoides platessoides)	Muskulatur	30- 50	4- 5	8-11
Kliesche	Leber	400- 700	50- 200	4- 7
(Limanda limanda)	Muskulatur	30- 60	3- 10	5-10
Dorsch	Leber	300-8.100	30-1.800	3-10
(Gadus morrhua)	Muskulatur	30- 70	6- 10	6- 7
Herzmuschel *(Acanthocardia*				
tuberculata)	Muskulatur	10- 40	1- 3	11-27
Polychaeten				
Polyphysia crassa	Total	17	0,7	24
Aphrodita aculeata	Total	37	1,3	17-50
Skagerrak 1972				
Hundszunge *(Glypto-*	Leber	400- 600	160	3- 4
cephalus cynoglossus)	Muskulatur	30- 50	8	3- 6
Krake	Muskulatur	10- 30	1- 3	6- 9
(Benthoctopus piscatorum)				
Tiefsee-Garnele	Muskulatur	10- 20	1- 3	6-15
(Pandalus borealis)				
Krebs	Muskulatur	10- 30	4- 8	3- 5
Munida tenuimana	Eier	130- 240	90- 130	1- 2
Polychaeten				
Neoleanira tetragona	Total	20	4- 5	4
Laetmonice filicornis	Total	20- 30	5- 7	3- 5

Tabelle 38. Chlorkohlenwasserstoffkonzentration in Organismen von der niederländischen Küste und aus der Südwestlichen Nordsee. Oben: bezogen auf Feuchtgewicht. Unten: bezogen auf extrahierbares Fett. Phytoplankton und Zooplankton gesammelt 1973 vor dem Delta-Gebiet. Garnelen *(Crangon crangon)* und Miesmuscheln *(Mytilus edulis)* gesammelt 1972 im niederländischen Wattenmeer. Jungheringe und Jungschollen gefangen 1973 bei Den Helder. 3jährige Heringe, Schollen und Dorsche gefangen 1972 in der Südwestlichen Nordsee vor Den Helder. (Nach TEN BERGE u. HILLEBRAND, 1974)

	Pentachlorbenzol	Hexachlorbenzol (HCB)	α-BHC	γ-BHC (Lindan)	Dieldrin	Endrin	Gesamt-DDT	PCB's	Fettgehalt
(µg/kg Feuchtgewicht)									
Phytoplankton	0,05	0,06	0,09	0,21	0,30	0,12	0,23	3.5	0,04%
Zooplankton	0,12	0,21	0,50	0,72	1,48	0,60	1,31	20,0	0,23%
Garnelen	1,8	0,70	4,5	1,2	2,4	–	2,91	83,0	1,2%
Miesmuscheln	0,40	0,53	4,7	3,2	8,9	8,6	9,0	237	1,6%
Jungheringe	2,6	9,5	17,1	11,3	45,2	1o,6	45,7	765	3,5%
Jungschollen	1,13	2,2	5,0	3,3	10,5	3,1	11,0	290	1,7%
3jährige Heringe	–	8,3	11,3	6,4	33,7	–	76,4	413	6,5%
3jährige Schollen	–	3,0	2,5	2,0	10,6	–	43,4	331	2,2%
3jährige Dorsche	0,28	1,0	0,27	0,38	1,4	–	5,3	51,7	0,26%
(mg/kg Fett)									
Phytoplankton	0,14	0,13	0,22	0,49	0,69	0,27	0,54	8,4	
Zooplankton	0,05	0,10	0,23	0,31	0,65	0,24	0,56	10,3	
Garnelen	0,16	0,06	0,39	0,11	0,21	–	0,26	7,2	
Miesmuscheln	0,026	0,034	0,30	0,20	0,56	0,55	0,56	15,0	
Jungheringe	0,08	0,33	0,46	0,29	1,20	0,27	1,35	22,4	
Jungschollen	0,07	0,14	0,30	0,20	0,64	0,19	0,66	17,8	
3jährige Heringe	–	0,13	0,18	0,10	0,52	–	1,20	6,6	
3jährige Schollen	–	0,16	0,10	0,08	0,52	–	2,89	22,1	
3jährige Dorsche	0,17	0,57	0,13	0,15	0,68	–	2,54	23,6	

vögel des offenen Nordatlantiks 0,1-1 mg/kg DDT in Leber und Muskulatur aufweisen. In Eiern der kanadischen Heringsmöwen wurden 3-6 mg/kg DDT und 5-12 mg/kg PCB festgestellt (ZITKO u. CHOI, 1972). Erstaunlich und vorerst noch nicht erklärbar sind besonders hohe Konzentrationen in Eismöwen *(Larus hyperboreus)* und Raubmöwen *(Stercorarius)* der Arktis, etwa 17 mg/kg DDT im Fett von Möwen von der Bäreninsel. Bei einer Eismöwe mit 67 mg/kg DDT und 555 mg/kg PCB (bezogen auf extrahierbares Körperfett) waren deutliche Krankheitssymptome festzustellen (BOURNE u. BOGAN, 1972).

Auch die Eisbären *(Ursus maritimus)* der kanadischen Arktis haben 0,2-80 mg/kg PCB im Fett, 10mal so viel wie DDT (BOWES u. JONKEL,

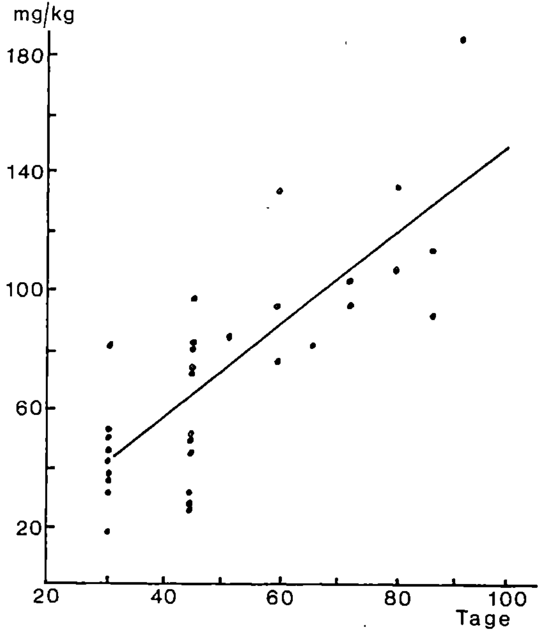

Abb. 54. Seeschwalben (*Sterna hirundo*) überwintern auf der Südhalbkugel, wo sie offensichtlich wenig mit DDT in Berührung kommen; die ersten Eier, welche sie in einer Kolonie vor Hamilton Harbour in Kanada legen, haben geringe DDT-Konzentrationen. Im Laufe der folgenden Wochen nimmt der DDT-Gehalt in frischgelegten Eiern zu. Das ist die Folge der DDT-Belastung in den kanadischen Nahrungsfischen der Seeschwalben. Angaben in mg DDE/kg Ei-Trockengewicht. (Nach GILBERTSON, 1974)

1975). Das ist merkwürdig, denn die Robben, von denen die Eisbären leben, hatten nur 0,2-13 mg/kg PCB im Fett, und etwa ebenso viel DDT; offensichtlich haben die Eisbären einen besonderen selektiven Stoffwechsel für chlorierte Kohlenwasserstoffe. Die Mengen entsprechen etwa denen, die in den Pelzrobben *(Callorhinus ursinus)* der Pribiloff-Inseln analysiert wurden. Im Fett von Walen vor der Ostküste der USA wurden zwischen 0,7 und 114 mg/kg PCB und zwischen 1,1 und 268 mg/kg DDT gefunden (TARUSKI et al., 1975). Auch in Seehunden, Robben und Walen aus der Nordsee wurden häufig bis 10 mg/kg, mitunter bis 100 mg/kg DDT und entsprechend höhere Konzentrationen an PCB gefunden (STICKEL, 1973).

Bei hohen Konzentrationen von chlorierten Kohlenwasserstoffen gerät der Fortpflanzungszyklus der Robben in Unordnung, und die Zahl der Totgeburten ist größer als normal (s. Kap. 3.3 und Tabelle 39). Es gibt Anzeichen dafür, daß bereits die Kegelrobben der Ostsee geschädigt werden, weil offensichtlich die Konzentrationen an DDT und PCB in den Beutefischen die Grenze überschritten haben, welche man als harmlos ansehen kann.

Seevögel sind besonders empfindlich, weil DDT sich auf den Prozeß der Eibildung auswirkt. Für eine Reihe von Vögeln ist teils durch Freilandbeobachtung, teils durch das Experiment erwiesen, daß hohe DDT-Gehalte zur Bildung dünnerer Eischalen führen (Abb. 55). Dünnere Eischalen zerbrechen leicht beim Brüten, und die Nachkommenschaft wird gefährdet (COOKE, 1973; STICKEL, 1973). Mehrfach ist ein unmittelbarer Zusammenhang zwischen den Chlorkohlenwasserstoffen im Meer und dem Bruterfolg der Braunen Pelikane *(Pelecanus occidentalis)* festgestellt worden. Auf Marsh Island in South Carolina, USA, war der Bruterfolg der Pelikane von 1968-

Tabelle 39. Konzentrationen an DDT und PCB, welche sich im Fett der Kegelrobben *(Halichoerus grypus)* in der Ostsee finden, entsprechen den Verhältnissen bei Kalifornischen Seelöwen, welche unter Früh- und Totgeburten leiden., Auch bei den Kegelrobben der Ostsee gibt es erste Hinweise dafür, daß Welpen 2 Monate vor der regulären Zeit tot geboren werden. Eine 150 kg schwere Kegelrobbe frißt etwa 7 kg Fisch am Tag. Bei Schadstoffkonzentrationen im Fisch von 1,34 mg DDT/kg und 0,63 mg PCB/kg ergibt sich für die Kegelrobben eine Aufnahme von 0,06 mg DDT und 0,03 mg PCB pro kg Körpergewicht täglich. (Nach OLSSON et al., 1975)

Gebiet	DDT		PCB	
	(mg/kg extrahierbares Fett)			
Nördliche Ostsee	470	(230-800)	150	(72-250)
	400		260	
	820	(670-970)	260	(230-290)
Åland-See	230	(68-490)	97	(20-170)
	320	(70-850)	130	(21-320)
	330		120	
Bottnischer Meerbusen	210		80	
	180	(139-230)	120	(82-180)
	280	(110-560)	170	(73-330)

1972 stark zurückgegangen. Die Eier enthielten durchschnittlich 2,2 mg/kg DDT, 5 mg/kg PCB und 0,3 mg/kg Dieldrin. 1971 und 1972 hatten nur solche Nester Bruterfolg, in denen Eier weniger als 2,5 mg/kg DDT und weniger als 0,54 mg/kg Dieldrin hatten. Allerdings ist das schwer statistisch abzusichern, denn die DDT-Konzentrationen schwanken von 1,2-8,5 mg/kg bei verschiedenen Eiern (BLUS et al., 1974).

Eindeutiger sind wohl die Befunde in der Bucht von Kalifornien, wo von 1953 bis 1970 große Mengen von DDT-Rückständen aus einer Pflanzenschutzmittelfabrik eingeleitet wurden (s. Kap. 3.3). Die Bestandsentwicklung der Pelikane von Anacapa Island zeigt, daß der Bruterfolg herabgesetzt ist, wenn in den Nahrungsfischen der Pelikane DDT-Konzentrationen von mehr als 0,1-1 mg/kg auftreten (Tabelle 10). Dieses unfreiweillige Großexperiment lehrt uns sehr eingängig, die Verhältnisse in anderen Meeresgebieten, wie Nord- und Ostsee, zu beurteilen.

Mir scheint, daß wir dort gerade eben an einer Katastrophe für die Seevögel und die Seesäuger vorbeigehen, wobei nicht sicher ist, ob zumal in der Ostsee nicht bereits Schäden aufgetreten sind. Es ist ja nicht einfach, eine Schadwirkung zu verfolgen, welche sich zunächst nur in verringertem Bruterfolg oder verringerter Nachkommenschaft auswirkt, wenn die Elterntiere selbst nicht geschädigt werden. Dann findet man erst nach mehreren Jahren, wenn die Tiere allmählich aus Altersgründen sterben, daß die Population zurückgeht, oder man muß sehr eingehende laufende Bestandskontrollen machen. Das ist bei Seevögeln schwierig, weil sie teilweise von Jahr zu Jahr ihre Brutgebiete wechseln. Es ist

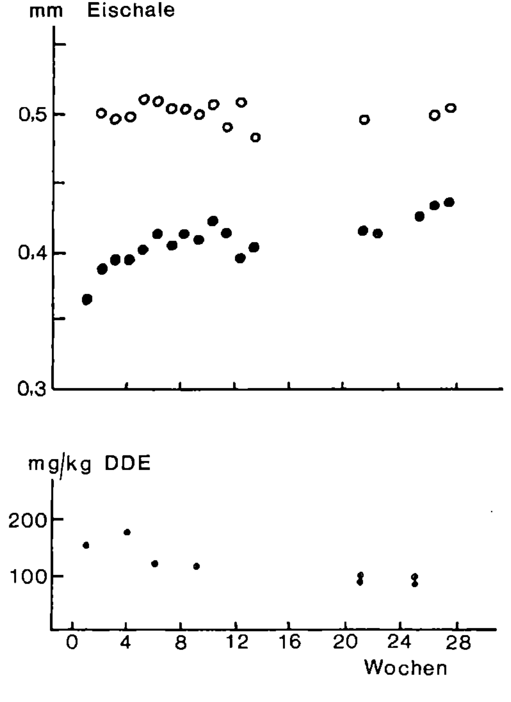

Abb. 55. Selbst eine kurzzeitige Fütterung mit DDT wirkt langfristig auf die Dicke der von Vögeln gebildeten Eischale. Im Versuch wurden weiße Peking-Hausenten 10 Tage lang so gefüttert, daß jede Ente etwa 0,5 g DDE aufnahm. Als die Enten 2 Monate später begannen, Eier zu legen, war die Eischale erheblich dünner (Punkte) als bei Vergleichstieren, welche kein DDE erhalten hatten (Kreise). Der Unterschied war noch 27 Wochen nach Beginn des Legegeschäftes signifikant. Im unteren Diagramm ist der DDE-Gehalt des Eidotters aufgetragen (mg/kg Trockengewicht; um auf Feuchtgewicht zu beziehen, muß man mit 0,23 multiplizieren; um auf Fettgewicht zu beziehen, mit 1,7). Die DDE-Konzentration im Eidotter verringerte sich etwa in dem Maße, wie durch abgelegte Eier DDE aus dem Entenkörper ausgeschieden wurde. (Nach PEAKALL et al., 1975)

aber auch schwierig bei Seehunden, und bisher ist nicht eindeutig klar, ob die Seehunde (Phoca vitulina) des niederländischen Wattenmeeres dabei sind auszusterben oder sich an die nordfriesischen Küsten oder anderswohin verziehen.

Zum Glück gibt es einige Indizien dafür, daß die Konzentrationen an DDT und anderen Pestiziden in Organismen des Meeres seit einigen Jahren wieder sinken, sowohl an den Küsten der USA (Abb. 56) als auch an der Nordsee (Abb. 57). Es ist zu hoffen, daß sich dieser Trend fortsetzt. Wenn das nicht geschieht, müssen einschneidende Maßnahmen getroffen werden, um die Verwendung von DDT in den tropischen Gebieten zu stoppen, DDT durch andere Pflanzenschutzmittel zu ersetzen sowie die Emissionen von PCB und anderen industriellen Chlorkohlenwasserstoffen zu vermeiden. Sonst bleibt nur als Alternative, daß Seevögel und Seesäuger aussterben. Ihre Gegenwart signalisiert uns jetzt, daß die Verhältnisse in den Weltmeeren noch erträglich sind. Wenn aber Seevögel und Seesäuger aussterben, dann stehen keine warnenden Vorposten mehr zwischen der Gefahr und dem Menschen.

Gewiß kann man notfalls die Höchstmengen für Chlorkohlenwasserstoffe im Speisefisch heraufsetzen, wenn inzwischen nicht neue toxikologische Befunde vorliegen, welche das verbieten. Aber Chlorkohlenwasserstoffe sind auch für Säugetiere und den Menschen ein Gift, sie wirken östrogen und uterotroph, beeinflussen den

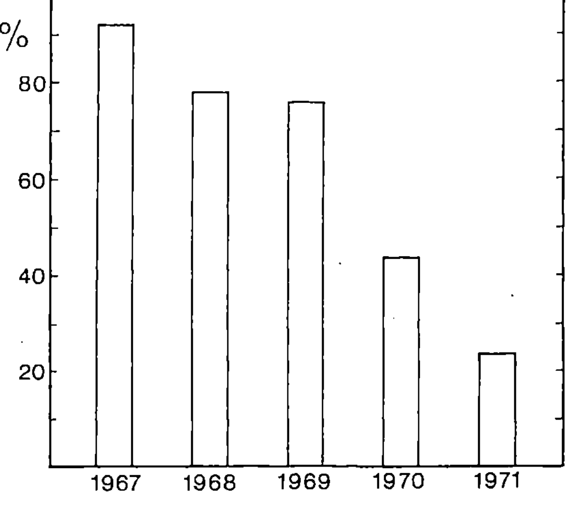

Abb. 56. In den meisten Küstenregionen der USA, vielleicht mit Ausnahme der Staaten Kalifornien, New York und Virginia, zeigte sich zwischen 1965 und 1972 eine abnehmende Tendenz im DDT-Gehalt von Muscheln. Die Graphik gibt den Prozentsatz der Austern-Proben (*Crassostrea virginica*) wieder, welche einen höheren DDT-Gehalt als 0,01 mg/kg aufweisen. Berücksichtigt wurden 10 Stationen mit 109 - 120 Proben im Staat North Carolina. (Nach BUTLER, 1973)

Enzymstoffwechsel in der Leber und stehen im Verdacht, kanzerogen zu sein. Man muß befürchten, daß sich aus fortschreitender Kenntnis neue Gefahren ergeben. Wenn die Konzentrationen in den Lebensräumen des Meeres steigen, müßte man zunächst Fischöl entweder von Chlorkohlenwasserstoffen befreien, was im Fabrikationsprozeß möglich ist, oder auf Fischöl verzichten. Dann müßten zunächst fettreiche Fische aus den Küstengebieten, zuletzt die Magerfische, als Nahrungsmittel verboten werden. In den entwickelten Ländern könnte man vielleicht auf den Speisefisch verzichten, aber weltweit werden 15% des Eiweißbedarfs aus dem Meer gedeckt. Es steht zu befürchten, daß gerade in den Tropen die DDT-Konzentrationen im Meer in den nächsten Jahre weiter steigen, und daß man dort, wo Meeresnahrung am notwendigsten ist, am ehesten zu einschränkenden Maßnahmen kommen muß.

Nicht auszuschließen ist übrigens auch eine Vergiftung des Lebens im Meere selbst durch Chlorkohlenwasserstoffe. 1 µg/l DDT wirkt im Versuch giftig auf die Kieselalge *Cyclotella* aus der Sargassosee (MENZEL et al., 1970). 0,1 µg/l PCB sollen auf die Kieselalge *Thalassiosira* giftig wirken (FISHER et al., 1974).

Solche PCB-Konzentrationen sind bereits im Wasser des Nordatlantiks gemessen worden (s. Kap. 10.2); allerdings ist fraglich, ob diese Werte stichhaltig gegen Analysen sind, welche nur etwa 0,01 µg/l PCB ergeben. Aber auch mit diesem Wert ist der Unterschied nur 1:10 zu toxisch wirkenden Konzentrationen, und es muß gegenwärtig noch offen bleiben, ob nicht bereits die geringen weltweit im Meerwasser vorhandenen Konzentrationen an Chlorkohlenwasserstoffen schädlich auf das Leben im Meer wirken. Wenn Quecksilber und Kadmium in den geringen natürlichen Konzentrationen vielleicht bereits giftig sind, dann können wir das nicht ändern und müssen, wie alle Organismen, damit leben. Persistente Chlorkohlenwasserstoffe aber sind Menschenwerk, und wir hätten es in der Hand, hier Halt zu gebieten.

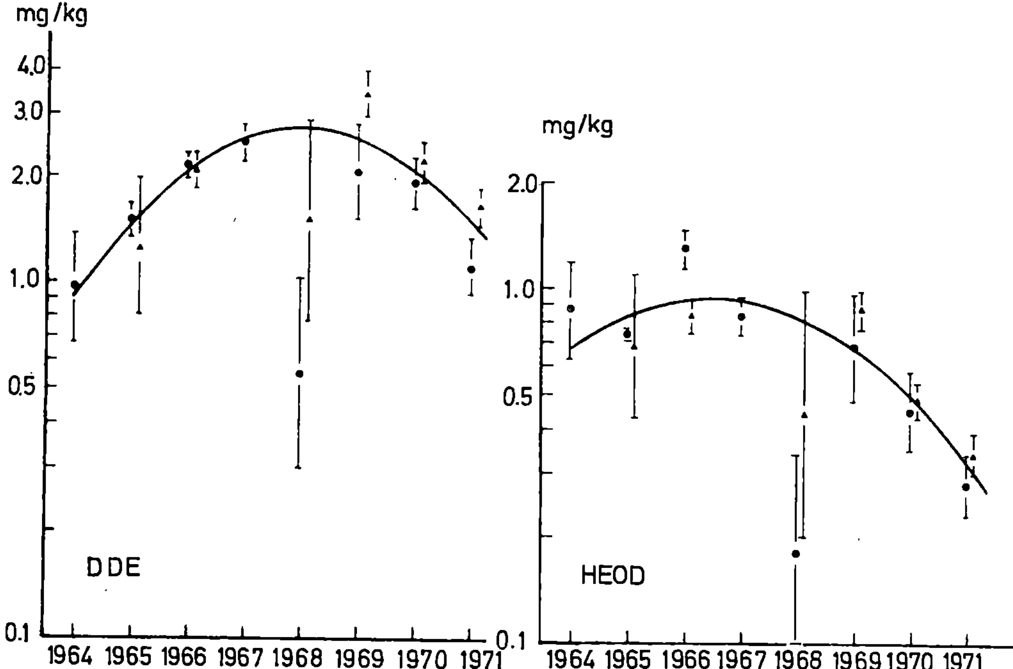

Abb. 57. Regelmäßig ist der Pestizidgehalt bei Eiern der Krähenscharbe *(Phalacrocorax aristotelis)* 1964-1971 in zwei britischen Vogelkolonien an der Nordseeküste untersucht worden: Farne Islands (Northumberland, Punkte) und Isle of May (Schottland, Dreiecke). Es scheint, daß die Einschränkungen in der Anwendung von Pestiziden bereits zu einem Absinken der Pestizidkonzentrationen in den fischfressenden Seevögeln geführt haben: links DDT (als DDE), rechts Dieldrin (als HEOD). Die Analysen 1968 sind nicht signifikant, weil in diesem Jahr nur wenige Eier nach einem Massensterben erwachsener Krähenscharben gesammelt werden konnten. (Nach COULSON et al., 1972)

11. Gesetze gegen Meeresverschmutzung

Es ist legitim, daß jeder von seiner Interessenlage her zu den Problemen der Meeresverschmutzung Stellung nimmt. Ein Naturschützer, dem die Erhaltung und Pflege der Artenmannigfaltigkeit am Herzen liegt, wird andere Gesichtspunkte haben als ein Umweltschützer, der die Lebensqualität für den Menschen auf Dauer erhalten will, ein Landwirt hat eine andere Einstellung zu den Rückstandsproblemen als ein Fischer, der Leiter eines chemischen Werkes muß die Leistungsfähigkeit des Betriebes im Auge behalten, der Kommunalpolitiker die Erhaltung von Steueraufkommen und Arbeitsplätzen. Auch innerhalb einer Regierung sind die Standorte der verschiedenen Ministerien nicht identisch.

Der Wissenschaftler sollte frei von solchen Vorgaben sein, er ist es jedoch nur selten: Durch Behördenauftrag, ökonomischen Anreiz zur Mitarbeit in koordinierten Forschungsprogrammen oder durch persönliches Engagement für den Umweltschutz wählt er aus der Vielzahl der möglichen Forschungsprojekte dasjenige aus, welches ihm paßt. Wenn er aus den gewonnenen Daten die Schlüsse zieht, welche in sein Konzept passen, dann ist das so lange legitim, wie die wissenschaftliche Redlichkeit darunter nicht leidet.

Jedes Gesetz gegen die Meeresverschmutzung entsteht aus der Vorarbeit der Wissenschaft, aus den Argumentationen der Medien und der Öffentlichkeit, aus Einzelaktivitäten und aus Bürgerinitiativen, aber bevor es verabschiedet wird, muß die Konfrontation der widerstrebenden Meinungen, muß die demokratische Willensbildung abgeschlossen sein. Problematisch ist dabei, daß die Beurteilung der Meeresverschmutzungsprobleme und der möglichen Gegenmaßnahmen vom augenblicklichen Stand der Forschung und der wissenschaftlichen Meinungsbildung abhängt. Wenn ein Gesetz schließlich verabschiedet wurde, dann ist in der Regel die Wissenschaft schon wieder fortgeschritten. Deshalb werden sich auch in Zukunft die Gesetze gegen die Meeresverschmutzung wieder ändern, teils werden die Auflagen verschärft werden und neue Gefährdungen berücksichtigt werden müssen, teils wird es auch zu Erleichterungen kommen, wenn Gefahren zunächst überschätzt worden sind.

Regional-national ist jeder Staat für seine Küstengewässer selbst verantwortlich, zur Zeit also noch für die Dreimeilenzone und für die Zwölfmeilen-Fischereizone, in Zukunft wahrscheinlich für den gesamten vorgelagerten Schelf oder eine Zweihundertmeilenzone. In der Bundesrepublik Deutschland wurde am 15. August 1967 das "Dritte Gesetz zur Änderung des Wasserhaushaltsgesetzes" erlassen; seitdem gilt dieses Gesetz in den Küstengewässern ebenso wie für die Binnengewässer. Kläranlagen werden vorgeschrieben, sofern durch die Einleitung ungeklärter oder giftiger Abwässer Schäden für die Allgemeinheit zu erwarten sind. Für die Durchführung dieses Gesetzes

sind die Küstenländer verantwortlich, und jede Industrieansied-
lung im Küstengebiet muß hinsichtlich der voraussehbaren Abwasser-
probleme begutachtet und genehmigt werden.

Allerdings sind solche Gesetze auf nationaler Ebene zweischneidig:
Sie könnten dazu führen, daß ein Industriewerk sich im Nachbar-
staat ansiedelt, wenn dort die Auflagen für die Abwasserqualität
leichter zu erfüllen sind. Außerdem werden die Schadstoffe durch
Meeresströmungen auch von einer Küste an die andere verfrachtet.
Deshalb wird im Rahmen der Europäischen Gemeinschaft an einem Abkommen gearbeitet (Paris-Abkommen), welches die "Verhütung der
Meeresverschmutzung vom Lande aus" einheitlich regeln soll. Zwar
ist dieses Abkommen von 1974 auch von der Bundesregierung Deutschland unterzeichnet worden, aber in Kraft getreten ist es noch nicht,
weil zwischen den Staaten der Europäischen Gemeinschaft erst im
Dezember 1975 Übereinstimmung darüber sich anbahnte, ob Emissions-
richtwerte oder Wassergütestandards als Beurteilungsgrundlage dienen sollen. Besondere Richtlinien wurden von der Europäischen Gemeinschaft erarbeitet für die Beurteilung der "Verschmutzung der
Meeres- und Süßgewässer für Badezwecke" (in Kraft seit dem 8. Dezember 1975, wird in die nächste Änderung des Wasserhaushaltsgesetzes der Bundesrepublik Deutschland eingehen). In Vorbereitung
befinden sich Richtlinien für "Qualitätsanforderungen an Meerwasser in Muschelzuchtgebieten".

Das Paris-Abkommen wird die Staaten der Europäischen Gemeinschaft
verpflichten, die Küsten des Atlantiks und der Nordsee gegen Schadstoffe zu schützen, welche durch Wasserläufe, durch Rohrleitungen,
von Wasserbauwerken im Hoheitsgebiet und sonst von der Küste aus
in das Meer gelangen. Es wird eine "Schwarze Liste" von Stoffen
geben, welche wegen Persistenz, Giftigkeit oder Akkumulations-
vermögen so gefährlich sind, daß ihre Einleitung nicht statthaft
ist und Sofortmaßnahmen gegen bestehende Einleitungen ergriffen
werden müssen. Dazu gehören die Chlorkohlenwasserstoffe, andere
organische Halogenverbindungen und Stoffe, die in der Meeresum-
welt Organohalogenverbindungen bilden können, sofern es sich nicht
um abbaufähige oder biologisch unschädliche Stoffe handelt. Dazu
gehören zweitens Quecksilber- und Kadmiumverbindungen, drittens
im Meerwasser treibendes oder schwebendes Plastik und viertens
aus Erdöl gewonnene beständige Öle und Kohlenwasserstoffe (Anhang A, Teil I).

In einer "Grauen Liste" (Anhang A, Teil II) sind Stoffe aufgeführt,
bei denen eine Verschmutzung der Meeresgebiete streng begrenzt
werden muß. Nur mit besonderer Genehmigung dürfen diese Stoffe
eingeleitet werden, zu denen organische Phosphor-, Silizium- und
Zinnverbindungen, reiner Phosphor, aus Erdöl gewonnene nichtbe-
ständige Öle und Kohlenwasserstoffe, Verbindungen von Arsen,
Chrom, Kupfer, Blei, Nickel und Zink sowie Stoffe gehören, die
den Geschmack von Fischfleisch und anderen Meeresprodukten beeinflussen.

Weiter sieht das Paris-Abkommen vor, daß die Mitgliedsländer stu-
fenweise in ihren Küstengewässern ein Überwachungssystem aufbauen,
um den Stand der Meeresverschmutzung frühzeitig zu erkennen und

die Wirksamkeit durchgeführter Maßnahmen zu überprüfen. Das Paris-Abkommen gilt nicht für die Ostsee und das Mittelmeer.

1974 wurde das Helsinki-Abkommen zwischen den Staaten Dänemark, der Deutschen Demokratischen Republik, der Bundesrepublik Deutschland, der Polnischen Volksrepublik, Finnland, Schweden und der Sowjetunion erarbeitet: das "Übereinkommen zum Schutz der Ostsee". Finnland hat bereits 1975 ratifiziert, die übrigen Vertragsstaaten haben vor, das 1976 zu tun. Dieses Abkommen umfaßt alle Arten von Meeresverschmutzung, nicht nur von den Küsten und von der Schifffahrt aus, sondern auch über die Atmosphäre. So wird im Annex I bestimmt, daß nicht nur der Eintrag von DDT und PCB in die Ostsee verboten wird, sondern daß auch Verbote und Regeln nötig sind für den Handel, die Anwendung und die Ablagerung dieser Stoffe in den Vertragsländern, denn nur, wenn der atmosphärische Transport unterbunden wird, kann die Ostsee gegen diese Stoffe geschützt werden. Annex II enthält eine Fülle von Stoffen, welche allenfalls mit besonderer Genehmigung in die Ostsee eingebracht werden dürfen, und da Quecksilber, Kadmium und persistente Chlorkohlenwasserstoffe mit in dieser Rubrik aufgeführt werden, darf man voraussetzen, daß die Genehmigung in vielen Fällen nicht erteilt werden wird. Für häusliche Abwässer wird vorgeschrieben, daß sie gereinigt werden müssen, damit weder der Sauerstoffgehalt der Ostsee strapaziert wird noch eine Eutrophierung der Ostsee erfolgt. Besondere Regeln gelten für Öl und gefährliche Schiffsladungen, und Schiffe über einer bestimmten Größe oder mit mehr als einer bestimmten Personenzahl an Bord dürfen ihre Abwässer nicht mehr ungereinigt über Bord geben. Wenn sie nicht selbst Kleinkläranlagen haben, müssen sie die Abwässer in entsprechende Anlagen in den Häfen abgeben. Auch Müll darf in der Ostsee nicht mehr über Bord geschüttet werden, und diese Bestimmung gilt für die Schiffe aller Größen.

Für das Mittelmeer haben die Anliegerstaaten am 16. Februar 1976 in Barcelona ein Übereinkommen erarbeitet, welches sich prinzipiell auf alle Arten der Meeresverschmutzung bezieht, in erster Linie aber die Versenkung von Schadstoffen durch Schiffe (Dumping) sowie die Zusammenarbeit bei akuten Ölunfällen und bei Havarien von Schiffen mit gefährlicher Ladung betrifft.

Für den Bereich des Atlantiks zwischen 42° W und 51° O und nördlich vom 36. Breitengrad ist bereits am 15. Februar 1972 das Oslo-Abkommen von 13 Vertragsstaaten unterzeichnet worde. Dieses "Übereinkommen zur Verhütung der Meeresverschmutzung durch das Einbringen von Abfällen durch Schiffe und Luftfahrzeuge" ist seit dem 7. April 1974 völkerrechtlich in Kraft getreten. Inzwischen ist auch ein ähnliches Abkommen mit weltweitem Geltungsbereich erarbeitet worden, das "Übereinkommen zur Verhütung der Meeresverschmutzung durch das Einbringen von Abfällen und anderen Stoffen" vom 29. Dezember 1972 (London-Abkommen), welches seit dem 30. August 1975 völkerrechtlich in Kraft ist. An diesem Abkommen sind 91 Staaten beteiligt. In der Bundesrepublik Deutschland steht ein Gesetz zur Verabschiedung an, welches sowohl das Oslo-Abkommen als auch das London-Abkommen berücksichtigt. Anschließend kann die Ratifizierung dieser Abkommen auch durch die Bundesrepublik Deutschland erfolgen. Die Abkommen schränken die traditionelle

Freiheit der hohen See ein, denn sie verpflichten die Vertragsstaaten, alle Schiffe und Flugzeuge zu kontrollieren, welche unter ihrer Flagge verkehren, welche in ihren Häfen beladen werden
und welche ihr Hoheitsgebiet durchfahren. Verstöße gegen die Abkommen durch fremde Fahrzeuge auf hoher See, von denen ein Ver-
tragsstaat Kenntnis erhält, sollen gemeldet werden.

In der "Schwarzen Liste" (Anlage I zu den Abkommen) werden Stoffe
genannt, welche nicht in die Meere eingebracht werden dürfen: Organohalogenverbindungen, sofern sie nicht abbaubar oder unschädlich sind (das Oslo-Abkommen nennt auch Organosiliziumverbindungen), Quecksilber- und Kadmiumverbindungen, persistente Plastik-
materialien, weiter nach dem Oslo-Abkommen kanzerogene Stoffe,
nach dem London-Abkommen Öl und entsprechende Kohlenwasserstoffe,
radioaktive Substanzen, biologische und chemische Kriegswaffen.
Wenn solche Stoffe allerdings nur in Spurenkonzentrationen etwa
im Klärschlamm enthalten sind, fallen sie nicht in die Kategorie
der "Schwarzen Liste".

In der "Grauen Liste" sind die Stoffe enthalten, welche nur nach
sorgfältiger Prüfung und mit Genehmigung im Meer versenkt werden
dürfen: Arsen-, Blei-, Kupfer- und Zinkverbindungen, Zyanide und
Fluoride, weiter radioaktive Stoffe, Schädlingsbekämpfungsmittel
und Organosiliziumverbindungen, sofern nicht ohnehin in der "Schwarzen Liste" enthalten, Behälter, Schrott und teerige Stoffe, welche
auf dem Meeresboden die Fischerei behindern, schließlich Stoffe,
die zwar wenig giftig sein mögen, aber wegen der eingebrachten
Mengen die Umwelt beeinträchtigen können. Dabei ist nach dem
London-Abkommen zu prüfen, ob nicht auch giftige Spurenstoffe
wie Arsen, Blei, Kupfer, Zink, Beryllium, Chrom, Nickel und Vanadium in zu großen Mengen in das Meer eingebracht werden, selbst
wenn die Konzentrationen an sich nur gering sind.

Das älteste internationale Abkommen zur Verhütung der Meeresverschmutzung wurde 1954 durch die "Intergovernmental Maritime Con-
sultative Organization" (IMCO) geschaffen: Es ist das "Übereinkommen zur Verhütung der Verschmutzung der See durch Öl", welches
seit 1958 völkerrechtlich in Kraft ist, und an dem sich 23 Staaten beteiligt haben. Eine geänderte Fassung wurde 1962 erarbeitet
und ist seit 1967 in Kraft.

Dieses Abkommen sieht verschiedene Maßnahmen vor. Am wichtigsten
ist die Festlegung von Verbotszonen, in welchen von Tankern über
150 Bruttoregistertonnen und von anderen Schiffen über 500 Bruttoregistertonnen kein Öl abgelassen werden darf. Dazu gehören selbst-
verständlich Nord- und Ostsee, aber auch weite Strecken der Weltozeane, und die Tendenz ist sichtbar, diese Zonen weiter auszu-
dehnen, denn treibendes Öl kennt keine Grenzen, sondern bewegt
sich mit etwa 4% der Windgeschwindigkeit. Nach 1967 gebaute Schiffe über 20.000 t Tragfähigkeit, dazu gehören alle modernen Tanker,
dürfen überhaupt kein Öl ablassen. Sie müssen also in ihrer Bau-
art auf neuartige Verfahren eingerichtet sein (load on top system),
mit denen eine Reinigung der leeren Öltanks während der Rückreise
so erfolgt, daß schließlich das Waschwasser in einem Tank konzentriert wird.

Bedingung ist natürlich, daß im Ölhafen eine Altölsammelanlage
funktioniert, welche das Öl-Teer-Reinigungsmittel-Wasser-Gemisch
entgegennimmt. Solche Ölsammelstellen sind auch in allen anderen
Häfen notwendig, damit Schiffe nach einem Ölwechsel ihr Altöl los-
werden und nicht, wie derzeit noch weitgehend üblich, dem Meer
anvertrauen. Vorgeschrieben wird auch der Einbau von Separatoren
auf Seeschiffen, welche das Bilgenwasser von Lecköl befreien, so
daß nur relativ sauberes Bilgenwasser über Bord gepumpt wird.
Ein Öltagebuch muß geführt werden, damit die Überwachung der Vor-
schriften möglich ist.

Dieses Abkommen wird ergänzt durch das Übereinkommen über die
zivilrechtliche Haftung für Ölverschmutzungsschäden von 1969,
dem sich 49 Staaten angeschlossen haben, und welches seit 1975
in Kraft ist, sowie durch das 1971 erarbeitete Übereinkommen zur
Errichtung eines internationalen Entschädigungsfonds zur Entschädigung von Ölschäden, dessen Ratifizierung jedoch noch aussteht.
Regional im Bereich der Nordsee haben 8 Staaten 1969 in Bonn eine
engere Zusammenarbeit bei Ölschäden durch ein "Übereinkommen zur
Zusammenarbeit bei der Bekämpfung von Ölverschmutzungen in der
Nordsee" vereinbart, welches seit 1970 in Kraft ist. Schließlich
ist auch national eine Vereinbarung notwendig, denn in der Bundesrepublik Deutschland ist die Wasser- und Schiffahrtsverwaltung
des Bundes für Unfälle als Gefahrenmoment für die Schiffahrt zu-
ständig, während Hauptbetroffene durch ausgelaufenes Öl die Küstenländer sind. Es wurde deshalb der "Ölunfallausschuß See/Küste"
gegründet, welcher technische Empfehlungen und organisatorische
Vorschläge für die Bekämpfung von Ölunfällen im deutschen Küstengebiet erarbeitet hat. Er hat auch den Entwurf einer Verwaltungs-
vereinbarung zwischen dem Bund und den Küstenländern vorgelegt,
damit eine schlagkräftige Organisation zur Bekämpfung von Ölunfällen sowohl auf der hohen See als auch in den Küstengewässern,
im Nord-Ostsee-Kanal und in den Flußmündungen aufwärts bis Emden,
Bremen, Hamburg und Lübeck aufgebaut werden kann. Ein zentraler
Meldekopf soll beim Wasser- und Schiffahrtsamt Cuxhaven eingerichtet werden. Bis zu einer halben Million DM können unmittelbar zur
Bekämpfung eines Ölschadens verwendet werden, für größere Ausga-
ben müssen die Vertragspartner zustimmen (BOE, 1975).

Großräumig ist von der IMCO 1973 unter Beteiligung von 79 Staaten
ein neues "Übereinkommen gegen die Verschmutzung des Meeres durch
Schiffe" erarbeitet worden, welches aber noch nicht in Kraft ist.
In dieses weitgespannte Abkommen soll das bisherige IMCO-Abkommen
zur Verhütung der Verschmutzung der See durch Öl eingehen, es
soll aber auch gefährliche Ladungen auf Schiffen umfassen und
beschäftigt sich mit Abwasser und Müll von Seeschiffen.

In wenigen Jahren ist ein umfangreiches Gesetzeswerk zur Bekämpfung der Meeresverschmutzung entstanden, welches von regionalen Gegebenheiten bis zu weltweiter Geltung reicht. Diese Gesetze verhindern jedoch nicht die Formen der globalen Meeresverschmutzung, welche ihre Quellen in der verunreinigten Atmosphäre haben.

Literaturverzeichnis

Es gibt noch kein Handbuch über die Probleme der Meeresverschmutzung, welches als weiterführende Literatur im klassischen Sinne
geeignet wäre. Deshalb kann nur auf einige Werke hingewiesen werden, welche Teilaspekte der Meeresverschmutzung behandeln, und
auf Sammelwerke, wo wenigstens ein Teil der Aufsätze eine Zusam-
menschau bietet (s. auch ACKEFORS et al., 1970; CASPERS, 1975;
DUURSMA u. MARCHAND, 1974)

AUBERT, M., AUBERT, J.: Pollutions marins et amenagement des ri-
    vages. Rev. int. Océanogr. médicale, Supplement, 1-309, 1973.
BOESCH, D.F., HERSHNER, D.H., MILGRAM, J.H.: Oil Spills and the
    Marine Environment, p. 1-115. Cambridge, Mass.: Ballinger 1974.
COLE, H.A. (Hrsg.): Petroleum and the Continental Shelf of North-
    West Europe, Band 1, Environmental Protection, p. 1-126. London:
    Applied Science 1975.
EDWARDS, C.A. (Hrsg.): Environmental Pollution by Pesticides,
    p. 1-542. London-New York: Plenum Press 1973.
FERGUSON-WOOD, E.J., JOHANNES, R.E. (Hrsg.): Tropical Marine Pol-
    lution, p. 1-192. Amsterdam: Elsevier 1975.
GAMESON, A.L.H. (Hrsg.): Discharge of Sewage from Sea Outfalls,
    p. 1-455. Oxford: Pergamon Press 1975.
GOLDBERG, E.G. (Hrsg.): A Guide to Marine Pollution, p. 1-186.
    New York: Gordon & Breach 1972. Auch erschienen unter dem Ti-
    tel: Report of the Seminar on Methods of Detection, Measurement
    and Monitoring of Pollutants in the Marine Environment. FAO
    Fish. Rep. 99, Supplement 1, 1-123 (1971)
NELSON-SMITH, A.: Oil Pollution and Marine Ecology, p. 1-260.
    London: Elek Science 1972.
SHINN, R.A.: International Politics of Marine Pollution, p. 1-
    200. New York: Praeger 1974.
PERKINS, E.J.: The Biology of Estuaries and Coastal Waters, p.
    1-678. London-New York: Academic Press 1974.
VERNBERG, F.J., VERNBERG, W.B. (Hrsg.): Pollution and Physiology
    of Marine Organisms, p. 1-491. New York: Academic Press 1974.

Populärwissenschaftlich informiert:

MOORCRAFT, C.: Must the Sea Die? p. 1-219. London: Temple Smith
    1972.

Umfassend ist die Information, welche in den Berichten über zwei
Kongresse über Fragen der Meeresverschmutzung enthalten ist:

PEARSON, E.A., FRANGIPANE, E. de FRAIA (Hrsg.): Marine Pollution
    and Marine Waste Disposal, p. 1-487. Oxford: Pergamon Press

1975. Enthält die Beiträge des "Second International Congress on Marine Pollution and Marine Waste Disposal", welchen die International Association on Water Pollution Research vom 17.-21. Dezember 1973 in San Remo veranstaltete.
RUIVO, M. (Hrsg.): Marine Pollution and Sea Life, p. 1-624. London: Fishing News 1972. Enthält die Beiträge zur "Technical Conference on Marine Pollution and its Effects on Living Resources and Fishing", welche die FAO vom 9.-18. Dezember 1970 in Rom veranstaltete.

Die Zeitschrift "Marine Pollution Bulletin "(seit 1970, Oxford: Pergamon Press) bringt regelmäßig aktuelle Meldungen und Kommentare sowie Originalmitteilungen wissenschaftlicher Ergebnisse. Sonst ist die wissenschaftliche Literatur zur Meeresverschmutzung weit verstreut über viele Fachzeitschriften. Von den etwa 220 folgenden Literaturzitaten dieses Buches stammen mehr als 100 aus den Jahren 1974-1976. Das zeigt, wie schnell sich auch noch gegenwärtig das junge Forschungsgebiet Meeresverschmutzung entwickelt.

ACKEFORS, H., LÖFROTH, G., ROSEN, C.G.: A survey of the mercury pollution problem in Sweden with special reference to fish. Oceanogr. Mar. Biol. Ann. Rev. 8, 203-224 (1970).
AFFOLTER, M.T.: North Sea oil development: Some related environmental and planning considerations in Scotland. Ambio 5, 3-16 (1976).
AGRICULTURAL RESEARCH COUNCIL: Third Report of the Research Committee on Toxic Chemicals, p. 1-69. London 1970.
ANAS, R.E.: Heavy metals in the Northern Fur Seal, *Callorhinus ursinus*, and Harbour Seal, *Phoca vitulina richardi*. Fishing Bull. 72, 133-137 (1974).
ANDELMAN, J.B., SNODGRASS, J.E.: Incidence and significance of polynuclear aromatic hydrocarbons in the water environment. Crit. Rev. Environ. Control 4, 69-83 (1974).
ANDERSON, D.W., JEHL, J.R., Jr., RISEBROUGH, R.W., WOODS, L.A., Jr., DEWEESE, L.R., EDGECOMB, W.G.: Brown pelicans: improved reproduction off the Southern Californian coast. Science (N.Y.) 190, 806-808 (1975).
ANGER, K.: On the influence of sewage pollution on inshore benthic communities in the south of Kiel Bay. 2. Quantitative studies on community structure. Helgoländer wiss. Meeresunters. 27, 408-438 (1975).
ANON: Dumpers foiled. Mar. Pollut. Bull. 2, 114 (1971a).
ANON: Mercury in whales. Mar. Pollut. Bull. 2, 68 (1971b).
ANON: Birds return to the Thames estuary. Mar. Pollut. Bull. 3, 4 (1972).
ANON: Meeting report interlaboratory lead analyses of standardized samples of sea water. Mar. Chem. 2, 69-74 (1974).
ANON: Deep sea dumping furore. Mar. Pollut. Bull. 6, 68 (1975).
ATLAS, R.M., BARTHA, R.: Abundance, distribution and oil biodegradation potential of micro-organisms in Raritan'Bay. Environ. Pollut. 4, 291-300 (1973).
AVCIN, A., MEITH-AVCIN, N., VUKOVIC, A., VRISER, B.: A comparison of benthic communities of Strunjan and Kopper Bays with record to their differing exposure to pollution stress. Biol. Vestn. (Ljubljana) 22, 171-208 (1974).

BAIRD, R.C., THOMPSON, N.P., HOPKINS, T.L., WEISS, W.R.: Chlorinated hydrocarbons in mesopelagic fishes of the eastern Gulf of Mexico. Bull. Mar. Sci. 25, 473-481 (1975).

BAKIR, R., DAMLUJI, S.F., AMIN-ZAKI, L., MURTADHA, M., KHALIDI, A., AL-RAWI, N.Y., TIKRITI, S., DHAHIR, H.I., CLARKSON, T.W., SMITH, J.C., DOHERTY, R.A.: Methylmercury poisoning in Iraq. Science (N.Y.) 181, 230-241 (1973).

BARBER, R.T., VIJAYAKUMAR, A., CROSS, F.A.: Mercury concentrations in recent and ninety-year-old benthopelagic fish. Science (N.Y.) 178, 636-639 (1972).

BARRETT, M.J.: The effects of pollution on the Thames Estuary. In: The Estuarine Environment, (BARNES, R.S.K., GREEN, J., eds.), p. 119-122. London: Applied Sciences 1972.

BEAUFORD, W., BARBER, J., BARRINGER, A.R.: Heavy metal release from plants into the atmosphere. Nature (Lond.) 256, 35-37 (1975).

BEN-BASSAT, D., MAYER, A.M.: Volatization of mercury by algae. Physiol. Plantarum 23, 128-132 (1975).

BENNETT, H.S., ALBRO, P.W.: PCB's in microscope immersion oil. Science (N.Y.) 181, 990 (1973).

BERGE, G., LJØEN, R., PALMORK, K.H.: The disposal of containers with industrial waste into the North Sea: a problem to fisheries. In: Marine Pollution and Sea Life (RUIVO, M., ed.), p. 474-475. London: Fishing News 1972.

BERGLUND, F., BERLIN, M., BIRKE, G., CEDERLÖF, R., EULER, U. von, FRIBERG, L., HOLMSTEDT, B., JONSSON, E., LÜNING, K.G., RAMEL, C., SKERFVING, S., SWENSSON, Å., TEJNING, S.: Methyl mercury in fish. A toxicologic-epidemiologic evaluation of risks. Report from an expert group. Nordisk hyg. Tidskr. Suppl. 4, 1-364 (1971).

BIDLEMAN, T.F., OLNEY, C.E.: Long range transport of toxaphene insecticide in the atmosphere of the western North Atlantic. Nature (Lond.) 257, 475-477 (1975).

BILLINGS, C.E., MATSON, W.R.: Mercury emission from coal combustion. Science (N.Y.) 176, 1232-1233 (1972).

BLUMER, M., SASS, J.: Oil pollution: persistence and degradation of spilled fuel oil. Science (N.Y.) 176, 1120-1122 (1972).

BLUMER, M., YOUNGBLOOD, W.W.: Polycyclic aromatic hydrocarbons in soils and recent sediments. Science (N.Y.) 188, 53-55 (1975).

BLUMER, M., BLOKKER, P.C., COWELL, E.B., DUCKWORTH, D.F.: Petroleum. In: A Guide to Marine Pollution (GOLDBERG, E.D., ed.), p. 19-40. New York: Gordon & Breach 1972.

BLUS, L.J., NEELY, B.S., Jr., BELISLE, A.A., PROUTY, R.M.: Organochlorine residues in Brown Pelican eggs: relation to reproductive success. Environ. Pollut. 7, 81-91 (1974).

BOARD, P.A.: The fate of rubbish in the Thames. Mar. Pollut. Bull. 4, 165-166 (1973).

BOE, C.: Bund-Länder-Vereinbarung zur Bekämpfung von Ölunfällen an der Küste und auf der Hohen See. Deutsche Gewässerkdl. Mitteilgn. Sonderheft 127-128 (1975).

BOETIUS, J.: Toxicity of waste from a parathion industry at the Danish North Sea coast. Helgoländer wiss. Meeresunters. 17, 182-187 (1968).

BOHN, A.: Arsenic in marine organisms from West Greenland. Mar. Pollut. Bull. 6, 87-89 (1975).

BOURNE, W.R.P., BIBBY, C.J.: Temperature and the seasonal and geographical occurrence of oiled birds on West European beaches. Mar. Pollut. Bull. 6, 77-80 (1975).

BOURNE, W.R.P., BOGAN, J.A.: Polychlorinated biphenyls in North Atlantic sea birds. Mar. Pollut. Bull. 3, 171-175 (1972).

BOWES, G.W., JONKEL, C.J.: Presence and distribution of polychlorinated biphenyls (PCB) in Arctic and Subarctic marine food chains. J. Fishing Res. Bd. Can. 32, 2111-2123 (1975).

BOWES, G.W., MULVIHILL, M.J., SIMONEIT, B.R.T., BURLINGAME, A.L., RISEBROUGH, R.W.: Identification of chlorinated dibenzofurans in American polychlorinated biphenyls. Nature (Lond.) 256, 305-307 (1975).

BREEN, P.A., MANN, K.H.: Changing lobster abundance and the destruction of kelp beds by sea urchins. Mar. Biol. 34, 137-142 (1976).

BREWER, P.G.: Minor elements in sea water. In: Chemical Oceanography (J.P. RILEY, G. SKIRROW, eds.), 2.Aufl., Band 1, p.415-496. London, New York, San Francisco: Academic Press 1975.

BRYAN, G.W.: Adaptation of an estuarine polychaete to sediments containing high concentrations of heavy metals. In: Pollution and Physiology of Marine Organisms (F.J. VERNBERG, W.B. VERNBERG, eds.), p. 122-135. New York: Academic Press 1974.

BUTLER, P.A.: Organochlorine residues in estuarine molluscs, 1965-1972. A report on one segment of the National Pesticide Monitoring Programm Pestic. Monit. J. 6, 238-246 (1973).

BUTLER, P.A., CHILDRESS, R., WILSON, A.J., Jr.: The association of DDT residues with losses in marine productivity. In: Marine Pollution and Sea Life (M. RUIVO, ed.), p. 262-266. London: Fishing News 1972.

CARMODY, D.J., PEARCE, J.B., YASSO, W.E.: Trace metals in sediments of New York Bay. Mar. Pollut. Bull. 4, 132-135 (1973).

CARR, R.A., HOOVER, J.B., WILKNISS, P.E.: Cold vapor atomic adsorption analysis for mercury in the Greenland Sea. Deep Sea Res. 19, 747-752 (1972).

CARR, R.A., JONES, M.M., RUSS, E.R.: Anomalous mercury in near bottom water of a Mid-Atlantic-Rift valley. Nature (Lond.) 251, 489-490 (1974).

CARR, R.A., WILKNISS, P.E.: Mercury in the Greenland ice sheet: further data. Science (N.Y.) 181, 843-844 (1973).

CASPERS, H.: Pollution in coastal waters. An interim report on results of a priority programme of the German Research Society (1966-1974), p. 1-142. Boppard: Boldt 1975.

CHESTER, R., GARDNER, D., RILEY, J.P., STONER, J.: Mercury in some surface waters of the world ocean. Mar. Pollut. Bull. 4, 28-29 (1973).

CHESTER, R., STONER, J.H.: Trace elements in total particulate material from surface sea water. Nature (Lond.) 255, 49-51 (1975).

CHOW, T.J.: Lead pollution records in Southern California coastal sediments. Science (N.Y.) 181, 551-552 (1973a).

CHOW, T.J.: Our daily lead. Chemistry in Britain 9, 258-263 (1973b).

CLIFTON, A.P., VIVIAN, C.M.G.: Retention of mercury from an industrial source in Swansea Bay sediments. Nature (Lond.) 253, 621-622 (1975).

COOKE, A.S.: Shell thinning in avian eggs by environmental pollutants. Environ. Pollut. 4, 85-152 (1973).

COULSON, J.C., DEANS, I.R., POTTS, G.R., ROBINSON, J., CRABTREE, A.N.: Changes in organochlorine contamination of the marine environment of Eastern Britain monitored by shag eggs. Nature (Lond.) 236, 454-456 (1972).

COWGILL, U.M.: Mercury contamination in a 54-m core from Lake Huleh. Nature (Lond.) 256, 476-478 (1975).

CUNNINGHAM, P.A., TRIPP, M.R.: Factors affecting the accumulation and removal of mercury from tissues of the American oyster, Crassostrea virginica. Mar. Biol. 31, 311-319 (1975).

DALE, I.M., BAXTER, M.S., BOGAN, J.A., BOURNE, W.R.P.: Mercury in sea birds. Mar. Pollut. Bull. 4, 77-79 (1973).

DELONG, R.L., GILMARTIN, W.G., SIMPSON, J.G.: Premature births in California sea lions: association with high organochlorine pollutant residue levels. Science (N.Y.) 181, 1168-1169 (1973).

DETHLEVSEN, V.: Zur Frage des Fischvorkommens im Dünnsäureverklappungsgebiet nordwestlich Helgolands. Arch. Fisch.-Wiss. 24, 65-75 (1973).

DUCE, R.A., HOFFMANN, G.L., ZOLLER, W.H.: Atmospheric trace metals at remote Northern and Southern Hemisphere sites: pollution or natural? Science (N.Y.) 187, 59-61 (1975).

DUURSMA, E.G., MARCHAND, M.: Aspects of organic marine pollution. Oceanogr. Mar. Biol. Ann. Rev. 12, 315-431 (1974).

DYRSSEN, D.: The changing chemistry of the oceans. Ambio 1, 21-25 (1972).

EDER, G.: Polychlorinated biphenyls and compounds of the DDT group in sediments of the Central North Sea and the Norwegian Depression. Chemosphere 5, 101-106 (1976).

EDER, G., SCHAEFER, R.G., ERNST, W., GOERKE, H.: Chlorinated hydrocarbons in animals of the Skagerrak. Veröff. Inst. Meeresforsch. Bremerh. 16, 1-9 (1976).

EDWARDS, C.A.: Insecticide residues in soils. Residue Rev. 13, 83-131 (1966).

EHLIN, U.: Kylvatten effekter på miljön. SVN Statens Naturvårdsverk Publ. 25, 1-104 (1974).

ERNST, W.: Accumulation and Metabolism of DDT-^{14}C (Dichlorodiphenyl-trichloro-ethane) in marine organisms. In: Marine Pollution and Sea Life (M. RUIVO, ed.), p. 260-262. London: Fishing News 1972.

ERNST, W.: Pestizide im Meerwasser - Aspekte der Speicherung, Ausscheidung und Umwandlung in marinen Organismen. Schr. R. Ver. Wasser-Boden-Lufthyg. Berlin-Dahlem 46, 81-92 (1975a).

ERNST, W.: Organochlorverbindungen in Meerestieren. In: European Colloquium, Luxembourg 14-16 May 1974: Problems raised by the contamination of man and his environment by persistent pesticide and organo-halogenated compounds (Commission of the European Communities), p. 67-8o (1975b).

ERNST, W., GOERKE, H.: Anreicherung, Verteilung, Umwandlung und Ausscheidung von DDT-^{14}C bei Solea solea (Pisces: Soleidae). Mar. Biol. 24, 287-304 (1974).

ERNST, W., GOERKE, H., EDER, G., SCHAEFER, R.G.: Residues of chlorinated hydrocarbons in marine organisms in relation to size and ecological parameters I. PCB, DDT, DDE, and DDD in fishes and molluscs from the English Channel. Bull. Environ. Contam. Toxicol. 15, 55-65 (1976).

ESTABLIER, R.: Concentración de mercurio en los tejidos de algunos peces, moluscos y crustaceos del Golfo de Cadiz y caladeros del noroeste Africano. Inv. Pesq. 36, 355-364 (1972).

FISHER, N.S., CARPENTER, E.J., REMSEN, C.C., WURSTER, C.F.: Effects of PCB on interspecific competition in natural and gnothobiontic phytoplancton communities in continuous and batch culture. Microbial Ecol. 1, 39-50 (1974).
FITZGERALD, W.F., LYONS, W.B.: Organic mercury compounds in coastal waters. Nature (Lond.) 242, 452-453 (1973).
FITZGERALD, W.F., LYONS, W.B.: Mercury concentrations in open-ocean waters: sampling procedure. Limnol. Oceanogr. 20, 468-471 (1975).
FLOODGATE, D.G.: Microbial degradation of oil. Mar. Pollut. Bull. 3, 41-43 (1972).
FÖRSTNER, U., MÜLLER, G.: Schwermetalle in Flüssen und Seen als Ausdruck der Umweltverschmutzung. Berlin-Heidelberg-New York: Springer 1974.
FÖRSTNER, U., REINECK, H.-E.: Die Anreicherung von Spurenelementen in den rezenten Sedimenten eines Profilkerns aus der Deutschen Bucht. Senckenberg. maritima 6, 175-184 (1974).
FRIES, G.F.: Degradation of chlorinated hydrocarbons under anaerobic conditions. In: Fate of Organic Pesticides in the Aquatic Environment (S.D. FAUST, ed.), p. 256-270. Washington: Am. Chem. Soc. 1972.
FRISSEL, M.J.: Kvik bedreigt ous milieu. Waddenbulletin 6, 2-4 (1971).
GARDNER, D., RILEY, J.P.: Distribution of dissolved mercury in the Irish Sea. Nature (Lond.) 241, 526-527 (1973).
GESAMP: IMCO/FAO/UNESCO/WMO/WHO/IAEA/UN Joint Group of Experts on the Scientific Aspects of Marine Pollution. Review of harmful substances (provisional version). Supplement to the Report of the sixth Session, Geneva, 22-28 March 1974, p. 1-26 (1974).
GHIRARDELLI, E.: L'iniquinamento del Golfo di Trieste. Atti Mus. civ. Stor. nat. Trieste 28, 431-450 (1973).
GIBBS, C.F., PUGH, K.B., ANDREWS, A.R.: Quantitative studies on marine biodegradation of oil II. Effect of temperature. Proc. Roy. Soc. Lond. B 188, 83-94 (1975).
GIBBS, R.H., jr., JAROSEWICH, E., WINDOM, H.L.: Heavy metal concentrations in museum fish specimens: effects of preservation and time. Science (N.Y.) 184, 475-477 (1974).
GIENAPP, H.: Strömungen während der Sturmflut vom 2. November 1965 in der Deutschen Bucht und ihre Bedeutung für den Sedimenttransport. Senckenberg. maritima 5, 135-151 (1973).
GILBERTSON, M.: Seasonal changes in organohaline compounds and mercury in Common Terns of Hamilton Harbour, Ontario. Bull. Environ. Contam. Toxicol. 12, 726-732 (1974).
GILLESPIE, D.C., SCOTT, D.P.: Mobilization of mercuric sulfide from sediment into fish under aerobic conditions. J. Fishing Res. Bd. Canada 28, 1807-1808 (1971).
GOCKE, K.: Untersuchungen über den Einfluß des Salzgehaltes auf die Aktivität von Bakterienpopulationen des Süß- und Abwassers. Kieler Meeresforsch. 30, 99-105 (1975).
GOETHE, F.: The effects of oil pollution on populations of marine and coastal birds. Helgoländer wiss. Meeresunters. 17, 370-374 (1968).
GOLDBERG, E.D.: The surprise factor in marine pollution studies. Mar. Technol. Soc. J. 8, 29-34 (1974).
GOLDBERG, E.D.: Synthetic organohalides in the sea. Proc. Roy. Soc. Lond. B 189, 277-289 (1975).

GORDON, D.D., KEIZER, P.D., DALE, J.: Estimates using fluorescence spectroscopy of the present state of petroleum hydrocarbon contamination in the water column of the Northwest Atlantic Ocean. Mar. Chem. 2, 251-261 (1974).
GRANMO, Å., JØRGENSEN, G.: Effects on fertilization and development of the common mussel *Mytilus edulis* after long-term exposure to a nonionic surfactant. Mar. Biol. 33, 17-20 (1975).
GRASSHOFF, K.: Chemische Verhältnisse und ihre Veränderlichkeit. In: Meereskunde der Ostsee (L. MAGAARD, F. RHEINHEIMER, Hrsg.), S. 85-101. Berlin-Heidelberg-New York: Springer 1974.
GRASSHOFF, K.: The hydrochemistry of landlocked basins and fjords. In: Chemical Oceanography (J.P. RILEY, G. SKIRROW, eds.), 2. Aufl., Band 2, p. 455-597. London, New York, San Francisco: Academic Press 1975.
GRAY, J.: Synergistic effects of three heavy metals on growth rates of a marine ciliate protozoan. In: Pollution and Physiology of Marine Organisms (F.J. VERNBERG, W.B. VERNBERG, eds.), p. 465-485. New York: Academic Press 1974.
GREVE, P.A.: Chemical wastes in the sea: new forms of marine pollution. Science 173, 1021-1022 (1971).
GUELIN, A.: Sur le pouvoir bactéricide de l'eau de mer. C.R. Acad. Sc. Paris 279 (D), 871-874 (1974).
HAGMEIER, E.: Variations in phytoplankton near Helgoland. Rapp. P.-v. Réun. Cons. perm. int. Explor. Mer, im Druck (1976).
HALLAS, T.: PCP - en miljøgift. Fisk og Hav 73, 55-59 (1973).
HAMMOND, A.L.: Mercury in the environment: natural and human factors. Science 171, 788-789 (1971).
HARADA, M., SMITH, A.M.: Minamata disease: a medical report. In: Minamata, a Warning to the World (W.E. SMITH, A.M. SMITH, eds.), p. 180-192. London: Chatto & Windus 1975.
HARRIS, R.C., WHITE, D.B., MacFARLANE, R.B.: Mercury compounds reduce photosynthesis in plankton. Science (N.Y.) 170, 736-737 (1970).
HARVEY, G.R., MIKLAS, H.P., BOWEN, V.T., STEINHAUER, W.G.: Observations on the distribution of chlorinated hydrocarbons in Atlantic Ocean organisms. J. Mar. Res. 32, 103-118 (1974a).
HARVEY, G.R., STEINHAUER, W.G., MIKLAS, H.P.: Decline of PCB concentrations in North Atlantic surface waters. Science (N.Y.) 180, 643-644 (1974b).
HICKEL, W.: Sedimentbeschaffenheit und Bakteriengehalt im Sediment eines zukünfitgen Verklappungsgebietes von Industrieabwässern nordwestlich Helgolands. Helgoländer wiss. Meeresunters. 19, 1-20 (1969).
HOLDEN, A.V.: Source of polychlorinated biphenyl contamination in the marine environment. Nature (Lond.) 228, 1220-1221 (1970).
HOLMSTRÖM, A.: Plastic films on the bottom of the Skagerrak. Nature (Lond.) 255, 622-623 (1975).
HUGHES, D.: Mercurial fish and chips. Mar.Pollut.Bull. 3, 148 (1972)
HUSCHENBETH, E.: Zur Speicherung von chlorierten Kohlenwasserstoffen in Fisch. Arch. Fisch.-Wiss. 24, 105-116 (1973).
HUSCHENBETH, E., HARMS, U.: On the accumulation of organochlorine pesticides, PCB and certain heavy metals in fish and shellfish from Tai coastal and inland waters. Arch. Fisch.-Wiss. 26, 109-122 (1975).
ICES: Report of the working Group for the International Study of the Pollution of the North Sea and its Effects on Living Resources and their Exploitation. ICES Cooper. Res. Rep. 39, 1-191 (1974).

JANSSON, B., JENSEN, S., OLSSON, M., RENBERG, L., SUNDSTRÖM, G., VAZ, R.: Identification by GC-MS of phenolic metabolites of PCB and p,p'-DDE isolated from Baltic guillemot and seal. Ambio 4, 93-97 (1975).

JENSEN, S.: The PCB story. Ambio 1, 123-131 (1972).

JENSEN, S., LANGE, R., JERNELOV, A., PALMORK, K.H.: Chlorinated byproducts from vinyl chloride production: a new source of marine pollution. In: Marine Pollution and Sea Life (M. RUIVO, ed.), p. 242-244. London: Fishing News 1972.

JENSEN, S., LANGE, R., BERGE, G., PALMORK, K.H., RENBERG, L.: On the chemistry of EDC-tar and its biological significance in the sea. Proc. Roy. Soc. Lond. B 189, 333-346 (1975).

JERNELÖV, A., ROSENBERG, R., JENSEN, S.: Biological effects and physical properties in the marine environment of aliphatic chlorinated by-products from vinyl chloride production. Water Res. 6, 1181-1191 (1972).

JOHANNES, R.E.: Pollution and degradation of coral reef communities. In: Tropical Marine Pollution (E.J. FERGUSON-WOOD, R.E. JOHANNES, eds.), p. 13-51. Amsterdam: Elsevier 1975.

JONES, A.M., JONES, Y., STEWART, W.D.P.: Mercury in marine organisms of the Tay region. Nature (Lond.) 238, 164-165 (1972).

KAISER, K.L.E.: Mirex: an unrecognized contaminant of fishes from Lake Ontario. Science (N.Y.) 185, 523-525 (1974).

KAHN, E.: Perspective on tuna fish. New Engl. J. Med. 285, 49-50 (1971).

KATZMANN, W.: Regression der Braunalgenbestände im Mittelmeer. Naturw. Rdsch. (Stuttg.) 27, 480-481 (1974).

KECKES, S., MIETTINEN, J.K.: Mercury as a marine pollutant. In: Marine Pollution and Sea Life (M. RUIVO, ed.), p. 276-289. London: Fisching News 1972.

KEISER, R.K., Jr., AMADO, J.A., MURILLO, R.: Pesticide levels in estuarine and marine fish and invertebrates from the Guatemalan Pacific Coast. Bull. Mar. Sc. 23, 905-924 (1974).

KNAUER, G.A., MARTIN, J.H.: Mercury in a marine food chain. Limnol. Oceanogr. 17, 868 (1973).

KOEMAN, J.H., PEETERS, W.H.M., KOUDSTAAL-HOL, C.H.M., TJIOE, P.S., GOEIJ, J.J.M. de: Mercury selenium correlations in marine mammals. Nature (Lond.) 245, 385-386 (1973).

KOEMAN, J.H., VEEN, J., BROUWER, E., HUISMAN-de BROUWER, L., KOOLEN, J.L.: Residues of chlorinated hydrocarbon insecticides in the North Sea environment. Helgoländer wiss. Meeresunters. 17, 375-380 (1968).

KORRINGA, P.: Biological consequences of marine pollution with special reference to the North Sea fisheries. Helgoländer wiss. Meeresunters. 17, 126-140 (1968).

KROGH, O., PETERSEN, M.: Flensburger Förde. Åbenrå: Selbstverlag Amtshuset Åbenrå 1974.

LEPPÄKOSKI, E.: Macrobenthic fauna as indicator of oceanization in the Southern Baltic. Havsforskningsinst. Skr. 239, 280-288 (1975).

LINDEN, O.: Acute effects of oil and oil/dispersant mixture on larvae of Baltic herring. Ambio 4, 130-133 (1975).

LINDEN, O.: Effects of oil on the reproduction of the amphipod *Gammarus oceaniucs*. Ambio 5, 36-37 (1976).

LITTLER, M.M., MURRAY, S.N.: Impact of sewage on the distribution, abundance and community structure of rocky intertidal macro-organisms. Mar. Biol. 30, 277-291 (1975).

LLOYD-JONES, C.P.: Evaporation of DDT. Nature (Lond.) 229, 65-66
    (1971).
LÖFROTH, G.: Methylmercury, a review of health hazards and side
    effects associated with the emission of mercury compounds into
    natural waters. Ecol. Res. Comm. Bull. 4, 1-56 (1970).
LONGHURST, A.R., RADFORD, P.J.: PCB concentrations in North At-
    lantic surface water. Nature (Lond.) 256, 239 (1975).
LOVELOCK, J.E.: Natural halocarbons in the air and in the sea.
    Nature (Lond.) 256, 193-194 (1975).
LÜNEBURG, H., SCHAUMANN, K., WELLERSHAUS, S.: Physiographie des
    Weser-Ästuars (Deutsche Bucht). Veröff. Inst. Meeresforsch.
    Bremerh. 15, 195-226 (1975).
MACGREGOR, J.S.: Changes in the amount and proportions of DDT
    and its metabolites, DDE and DDD, in the marine environment
    off Southern California, 1949-1972. Fishing Bull. 72, 275-293
    (1974).
MACKAY, N.J., KAZACOS, M.N., WILLIAMS, R.J., LEEDOW, M.I.: Selen-
    ium and heavy metals in Black Marlin. Mar. Pollut. Bull. 6,
    57-61 (1975).
MAIER-BODE, H.: Verbreitung des DDT und anderer Insektizide in
    unserer Umwelt. Umschau 1969, 768 (1969).
MARTIN, J.H., FLEGAL, A.R.: High copper concentrations in squid
    livers in association with elevated levels of silver, cadmium
    and zinc. Mar. Biol. 30, 51-55 (1975).
McCAULL, J., CROSSLAND, J.: Water Pollution. New York: Harcourt
    Brace Jovanovich 1974.
McINTYRE, A.D., JOHNSTON, R.: Effects of nutrient enrichment from
    sewage in the sea. In: Discharge of Sewage from Sea Outfalls
    (GAMES, A.L.H., ed.), p. 131-141. Oxford: Pergamon Press 1975.
MENZEL, D.W., ANDERSON, J., RADTKE, R.: Marine phytoplankton vary
    in their response to chlorinated hydrocarbons. Science (N.Y.)
    167, 1724-1726 (1970).
MEYER, V.: Zur Situation des Quecksilbergehaltes bei Fischen und
    ihren Zubereitungen. Arch. Fisch.-Wiss. 23 (Beiheft 1), 1-20
    (1972).
MILLER, G.E., GRANT, P.M., KISHORE, R., STEINKRUGER, F.J., ROW-
    LAND, F.S., GUINN, V.P.: Mercury concentrations in museum spe-
    cimens of tuna and swordfish. Science (N.Y.) 175, 1121-1122
    (1973).
MOORE, B.: The present status of diseases connected with marine
    pollution. Revue int. Océanogr. Méd. 18/19, 193-223 (1970).
MOSS, B., WOODHEAD, P.: The effect of two herbicides on the
    settlement, germination and growth of *Enteromorpha*. Mar. Pollut.
    Bull. 6, 188-192 (1975).
MUNDA, J.: Changes and succession in the benthic algal associa-
    tions of slightly polluted habitats. Rev. int. Océanogr. Méd.
    34, 37-52 (1974).
MUNDT, W., FELDT, W.: Bestimmung von Quecksilber in Thunfisch
    mit Hilfe der Isotopenverdünnungsanalyse. Arch. Fisch.-Wiss.
    22, 136 (1971).
MUROZUMI, M., CHOW, T.S., PATTERSON, C.C.: Chemical concentra-
    tions of pollutant aerosols, terrestrial dusts and sea salts
    in Greenland and Antarctic snow strata. Geochim. Cosmochim.
    Acta 33, 1247-1294 (1969).
NIMMO, D.R., BLACKMAN, R.R., WILSON, A.J., Jr., FORESTER, J.:
    Toxicity and distribution of Arochlor 1254 in the pink
    shrimp *Penaeus duorarum*. Mar. Biol. 11, 191-197 (1971).

NUORTEVA, D.: Methylquecksilber in den Nahrungsketten der Natur. Naturw. Rdsch. (Stuttg.) 24, 233-243 (1971).

NUZZI, R.: Toxicity of mercury to phytoplankton. Nature (Lond.) 237, 38-39 (1972).

ODUM, W.E., JOHANNES, R.E.: The response of mangroves to man-induced environmental stress. In: Tropical Marine Pollution (E.J. FERGUSON-WOOD, R.E. JOHANNES,eds.), p. 52-62. Amsterdam: Elsevier 1975.

OLAFSON, J.: Volcanic influence on sea water at Heimaey. Nature (Lond.) 255, 138-141 (1975).

OLSSON, M., JOHNELS, A.G., VAZ, R.: DDT and PCB levels in seals from Swedish waters. Proc. Symp. Seal in the Baltic. National Swedish Envir. Protection Board, SNV PM 591, 43-65 (1975).

PARSLOW, J.L.F.: Oil pollution and sea birds. Rep. Colloq. Pollution of the Sea by Oil Spills, (11) 1-12. NATO 1971.

PARSLOW, J.L.F.: Mercury in waters from the Wash. Environ. Pollut. 5, 295-304 (1973).

PEAKALL, D.B., MILLER, D.S., KINTER, W.B.: Prolonged eggshell thinning caused by DDE in the duck. Nature (Lond.) 254, 421 (1975).

PEARSON, C.R., McCONNELL, G.:Chlorinated C_1 and C_2 hydrocarbons in the marine environment. Proc. Roy. Soc. Lond. B 189, 305-332 (1975).

PEDEN, J.D., CROTHERS, J.H., WATERFALL, C.E., BEASLEY, J.: Heavy metals in Somerset marine organisms. Mar. Pollut. Bull. 4, 7-9 (1973).

PEEL, D.A.: Organochlorine residues in Antarctic snow. Nature (Lond.) 254, 324-325 (1975).

PEKKARI, S.: Effects of sewage water on benthic vegetation. Oikos Suppl. 15, 185-188 (1973).

PETERSON, C.L., KLAWE, W.L., SHARP, G.D.: Mercury in tunas: a review. Fishery Bull. 71, 603-614 (1973).

PLIMMER, J.R., KLINGBIEL, U.J.:PCB formation. Science (N.Y.) 181, 994-995 (1973).

POSTMA, H.: The nutrient contents of North Sea water - changes in recent years. Rapp. P.-v. Réun. Cons. perm. int. Explor. Mer, im Druck (1976).

POUNDER, B.: Wildfowl and pollution in the Tay Estuary. Mar. Pollut. Bull. 5, 35-38 (1974).

PRESTON, A.: Heavy metals in British waters. Nature (Lond.) 242, 95-97 (1974).

RACHOR, E., GERLACH, S.A.: Changes of macrobenthos in a sublittoral sand area of the German Bight, 1967-1975. Rapp. P.-v. Réun. Cons. perm. int. Explor. Mer, im Druck (1976).

RANKEN, M.B.F.: Can we delay the next major tanker disaster? Ocean Industry, June 1971, 35-39 (1971).

RASMUSSEN, E.: Systematics and ecology of the Isefjord marine fauna (Denmark). Ophelia 11, 1-507 (1973).

RATASUK, S.: A simplified method of predicting dissolved oxygen distribution in partially stratified estuaries. Water Res. 6, 1525-1532 (1972).

REGNIER, A.P., PARK, R.W.A.: Faecal pollution of our beaches - how serious is the situation. Nature (Lond.) 239, 408-410 (1972).

RISEBROUGH, R.W., HUSCHENBETH, E., JENSEN, S., PORTMANN, J.E.: Halogenated hydrocarbons. In: A Guide to Marine Pollution (E.D. GOLDBERG, ed.), p. 1-18. New York: Gordon & Breach 1972.

ROLL, H.U.: In: Deutscher Bundestag: Umweltschutz (I) Wasserhaushalt Binnengewässer, hohe See und Küstengewässer. Zur Sache 3/71 (1971).

SAHA, J.G.: Significance of mercury in the environment. Residue Rev. 42, 103-163 (1972).

SAYLER, G.S., NELSON, J.D., COLWELL, R.R.: Role of bacteria in bioaccumulation of mercury in the oyster *Crassostrea virginica*. Appl. Microbiol. 30, 91-96 (1975).

SCHAEFER, R.G., ERNST, W., GOERKE, H., EDER, G.: Residues of chlorinated hydrocarbons in North Sea animals in relation to biological parameters. Ber. dt. wiss. Komm. Meeresforsch. 24, 225-233 (1976).

SCHULZ-BALDES, M.: Toxizität und Anreicherung von Blei bei der Miesmuschel *Mytilus edulis* im Laborexperiment. Mar. Biol. 16, 226-229 (1972).

SCHULZ-BALDES, M.: Die Miesmuschel *Mytilus edulis* als Indikator für die Bleikonzentration im Weserästuar und in der Deutschen Bucht. Mar. Biol. 21, 98-102 (1973).

SCHULZ-BALDES, M.: Lead uptake from sea water and food, and lead loss in the common mussel, *Mytilus edulis*. Mar. Biol. 25, 177-193 (1974).

SCHULZ-BALDES, M., LEWIN, R.A.: Lead uptake in two marine phytoplankton organisms. Biol. Bull. (Woods Hole) 150, 118-127 (1976).

SEIBOLD, E.: Der Meeresboden. Ergebnisse und Probleme der Meeresgeologie. Berlin-Heidelberg-New York: Springer 1974.

SIEDLER, G., HATJE, G.: Temperatur, Salzgehalt und Dichte. In: Meereskunde der Ostsee (L. MAGAARD, G. RHEINHEIMER, Hrsg.), S. 43-60. Berlin-Heidelberg-New York: Springer 1974.

SIEGEL, B.Z., SIEGEL, S.M., THORARINSSON, F.: Icelandic geothermal activity and the mercury of the Greenland ice cap. Nature (Lond.) 241, 526 (1973).

SMITH, J.E.: Torrey Canyon, Pollution and Marine Life. Cambridge 1968.

SMITH, W.E., SMITH, A.M.: Minamata: a Warning to the World. London: Chatto & Windus 1975.

SÖDERGREN, A.: Chlorinated hydrocarbon residues in airborne fallout. Nature (Lond.) 236, 395-397 (1972).

SPANGLER, W.J., SPIGARELLI, J.L., ROSE, J.M., MILLER, H.M.: Methylmercury: bacterial degradation in lake sediments. Science (N.Y.) 180, 192-193 (1973).

STENERSEN, J., KVALVAG, J.: Residues of DDT and its degradation products in cod liver from two Norwegian fjords. Bull. Environ. Contam. Toxicol. 8, 120-121 (1972).

STICKEL, L.F.: Pesticide residues in birds and mammals. In: Environmental Pollution by Pesticides (C.A. EDWARDS, ed.), p. 254-312. London-New York: Plenum Press 1973.

STOUT, V.F., BEEZHOLD, F.L., HOULE, C.R.: DDT residue levels in some US fishery products and the effectiveness of some treatments in reducing them. In: Marine Pollution and Sea Life (M. RUIVO, ed.), p. 550-553. London: Fishing News 1972.

STRIPP, K., GERLACH, S.: Die Bodenfauna im Verklappungsgebiet von Industrieabwässern nordwestlich von Helgoland. Veröff. Inst. Meeresforsch. Bremerh. 12, 149-156 (1969).

TARUSKI, A.G. OLNEY, C.E., WINN, H.E.: Chlorinated hydrocarbons in cetaceans. J. Fishing Res. Bd. Can. 32, 2205-2209 (1975).

TATSUMOTO, M., PATTERSON, C.C.: Concentrations of common lead in some Atlantic and Mediterranean waters and in snow. Nature (Lond.) 199, 350-352 (1963).

TEN BERGE, W.F., HILLEBRAND, H.: Organochlorine compounds in several marine organisms from the North Sea and the Dutch Waddensea. Netherlands J. Sea Res. 8, 361-368 (1974).

THEEDE, H., SCHOLZ, N., FISCHER, H.: Synergistische Wirkungen von Temperatur, Salzgehalt und Cadmium auf *Laomedea loveni*. Mar. Biol., im Druck (1976).

THORMANN, D.: Über die Wirkung von Cadmium und Blei auf die natürliche heterotrophe Bakterienflora im Brackwasser des Weser-Ästuars. Veröff. Inst. Meeresforsch. Bremerh. 15, 237-267 (1975).

TOKUOMI, H.: Medical aspects of Minamata disease. Rev. int. Océanogr. Méd. 13, 5-35 (1969).

TRITES, R.W.: The Gulf of St. Lawrence from a pollution viewpoint. In: Marine Pollution and Sea Life (M. RUIVO, ed.), p. 59-72. London: Fishing News 1972.

UI, J.: Minamata disease and water pollution by industrial waste. Revue int. Océanogr. Méd. 13, 37-44 (1969).

UI, J.: Mercury pollution of sea and fresh water, its accumulation into water biomass. Revue int. Océanogr. Méd. 22/23, 79-128 (1971).

UNDERDAL, B.: Mercury in fish and water from a river and a fjord in the Kragerø region, South Norway. Oikos 22, 101-105 (1971).

VACCARO, R.F., GRICE, C.D., ROWE, G.T., WIEBE, P.H.: Acid-iron waste and the summer distribution of standing crops in the New York Bight. Water Res. 6, 231-256 (1972).

VENRICK, E.L., BACKMAN, T.W., BARTRAM, W.C., PLATT, C.J., THORN-HILL, M.S., YATES, R.E.: Man made objects on the surface of the Central North Pacific Ocean. Nature (Lond.) 241, 271 (1973).

VOSJAN, H.J., van der HOEK, G.J: A continuous culture of *Desulfovibrio* on a medium containing mercury and copper ions. Netherlands J. Sea Res. 5, 440-444 (1972).

WACHENFELDT, T. von: Alg- och fytoplankton-undersögningar i Öresund. ØKV 1965-1970, Report on the investigations of the Swedish-Danish Committee on Pollution of the Sound 1965-1970. Lund, p. 139-172 (1971).

WACHS, B.: Größe und Abbau der organischen Substanz im Brack- und Meerwasser. Münchener Beitr. Abwasser, Fischerei- u. Flußbiologie 22, 38-58 (1972).

WAHL, E.W., BRYSON, R.A.: Recent changes in Atlantic surface temperatures. Nature (Lond.) 254, 45-46 (1975).

WALKER, J.D., COLWELL, R.R., VAITUZIS, Z., MEYER, S.A.: Petroleum-degrading achlorophyllous alga *Prototheca zopfii*. Nature (Lond.) 254, 423-424 (1975).

WEICHART, G.: Neuere Entwicklungen in der Meereschemie. Naturwissenschaften 59, 16-19 (1972).

WEISS, H.V., KOIDE, M., GOLDBERG, E.D.: Mercury in a Greenland ice sheet: evidence of recent input by man. Science (N.Y.) 174, 692-694 (1971).

WELLERSHAUS, S.: Daten 1973/74 zur Hydrographie und Gewässergüte des Weser-Ästuars. Veröff. Inst. Meeresforsch. Bremerh. 16, 45-62 (1976).

WHEATLEY, G.A.: Pesticides in the atmosphere. In: Environmental Pollution by Pesticides (C.A. EDWARDS, ed.), p. 366-408. London-New York: Plenum Press 1973.

WHEELER, A.: Fish return to the Thames. Sci. J. _6_ (11), 28-33 (1970).
WILLIAMS, P.M., WEISS, H.V.: Mercury in the marine environment: concentration in sea water and in a pelagic food chain. J. Fishing Board Can. _30_, 293-295 (1973).
WILLISTON, S.H.: Mercury in the atmosphere. J. geophys. Res. _73_, 7051-7055 (1968).
WINDOM, H., TAYLOR, F., STICKNEY, R.: Mercury in North Atlantic plankton. J. Cons. int. Expl. Mer _35_, 18-21 (1973).
WOLF, P. de: Mercury content of mussels from West European coasts. Mar. Pollut. Bull. _6_, 61-63 (1975).
WONG, P.T.S., CHAU, Y.K., LUXON, P.L.: Methylation of lead in the environment. Nature (Lond.) _253_, 263-264 (1975).
WOOD, P.C.: The principles and methods employed for the sanitary control of molluscan shellfish. In: Marine Pollution and Sea Life (M. RUIVO, ed.), p. 560-565. London: Fishing News 1972.
YOUNG, D.R., JOHNSON, J.N., SOUTAR, A., ISAACS, J.D.: Mercury concentrations in dated varved marine sediments collected off Southern California. Nature (Lond.) _244_, 273-274 (1973).
ZIEMAN, J.C., FERGUSON-WOOD, E.J.: Effects of thermal pollution on tropical-type estuaries, with emphasis on Biscayne Bay, Florida. In: Tropical Marine Pollution (E.J. FERGUSON-WOOD, R.E. JOHANNES, eds.), p. 75-98. Amsterdam: Elsevier 1975.
ZIETZ, U.: Probleme der Gewässergüte der Unterweser. Dt. gewässerkdl. Mitt. Sonderheft 1975, 87-94 (1975).
ZITKO, V., CHOI, P.M.K.: PCB and p,p'-DDE in eggs of cormorants, gulls and ducks from the Bay of Fundy, Canada. Bull. Environ. Contam. Toxicol. _7_, 63-64 (1972).
ZOLLER, W.H., GLADNEY, E.S., DUCE, R.A.: Atmospheric concentrations and sources of trace metals at the South Pole. Science (N.Y.) _183_, 198-200 (1974).

Sachverzeichnis

E. Seibold
Der Meeresboden
Ergebnisse und Probleme
der Meeresgeologie
Hochschultext
86 Abbildungen. X, 183 Seiten.
1974. DM 29,80; US $ 12.30
ISBN 3—540—06868—6

Inhaltsübersicht
Einleitung. — Formen des Meeresbodens:
Die Erforschung des Meeresbodens. Vertikalgliederung der Erde. Horizontalgliederung der Erde. Der Schelf, Der Kontinentalhang und -fuß. Die Tiefsee. — Herkunft und Zusammensetzung der marinen Sedimente: Lithogene Bestandteile. Hydrogene Bestandteile. Biogene Bestandteile. — Meeresboden und Wasserbewegung: Allgemeines. Wirkung der Wellen. Wirkung der Strömungen. Marine Sedimente und ihre Ablagerungsdauer. Meeresspiegel und Meeresboden. — Meeresboden und Organismen: Allgemeines; Umweltfaktoren: Bodenleben; Lebensweise. Substrat. Spuren. Tiergemeinschaften. Erdgeschichtliches. — Meeresboden und Klimazonen: Plankton als Klimaanzeiger. Benthos als Klimaanzeiger. Geologische Klimaanzeiger. Klimahinweise vom offenen Schelf. Klimahinweise aus Nebenmeeren. — Meeresboden und Rohstoffe: Mineralseifen. Manganknollen. Erzschlämme. — Zur Entstehung der Ozeane: Auseinanderdriften der Ozeanböden (Sea floor spreading). Plattentektonik (Plate tectonics). Typen der Plattenränder. Offene Probleme. — Anhang: Formationstabelle. — Weiterführende Literatur. Quellenverzeichnis der Abbildungen. Sachverzeichnis.

Der Meeresboden ist heute eines der interessantesten und aufregendsten Untersuchungsobjekte der Geologie. Dieses Buch will Studenten und Laien, aber auch Dozenten und ausgebildeten Geologen die Ergebnisse und die vielfältigen, noch offenen Probleme der Meeresgeologie aufzeigen. Es will insbesondere in die Formen des Meeresbodens, seine Bedeckung mit Sedimenten, deren Bestandteile und Herkunft und deren Wechselwirkung mit dem Wasser und den Organismen und in die verschiedenen Hypothesen zur Entstehung der Ozeanbecken einführen.

Preisänderung vorbehalten

Springer-Verlag Berlin Heidelberg New York

Meereskunde der Ostsee
Herausgeber: L. Magaard,
G. Rheinheimer
Hochschultext
130 Abbildungen, 40 Tabellen.
V, 269 Seiten. 1974
DM 39,90; US $ 16.40
ISBN 3-540-06897-X

Inhaltsübersicht

Der Text basiert auf einer Ringvorlesung, die mit großem Erfolg am Institut für Meereskunde an der Universität Kiel gehalten worden ist. Zum ersten Mal wird versucht, einen umfassenden Überblick über den gegenwärtigen Stand der naturwissenschaftlichen Kenntnisse von der Ostsee in allgemein verständlicher Form zu vermitteln. Dabei werden Problemstellungen und Ergebnisse aus den Gebieten Meteorologie, physikalische Ozeanographie, Geologie und Chemie ebenso berücksichtigt wie auch aus den Gebieten Biologie, Fischereiwissenschaft und Ökologie. Das Buch richtet sich nicht nur an Wissenschaftler und Studenten, sondern auch an Lehrer und Schüler und alle diejenigen, die sich der Ostsee durch Beruf oder Passion verbunden fühlen.

Preisänderung vorbehalten

Springer-Verlag Berlin Heidelberg New York